中华人民共和国住房和城乡建设部

# 城市地下综合管廊工程消耗量定额

ZYA 1-31(12)-2017

## 第一册　建筑和装饰工程

中 国 计 划 出 版 社

2017　北　　京

图书在版编目（CIP）数据

城市地下综合管廊工程消耗量定额．第一册，建筑和装饰工程 / 上海市建筑建材业市场管理总站主编．-- 北京 ：中国计划出版社，2017.7
ISBN 978-7-5182-0682-7

Ⅰ．①城… Ⅱ．①上… Ⅲ．①市政工程－地下管道－管道施工－消耗定额－上海 Ⅳ．①TU723.34

中国版本图书馆CIP数据核字(2017)第175859号

**城市地下综合管廊工程消耗量定额**
**ZYA 1-31(12)-2017**
**第一册　建筑和装饰工程**

上海市建筑建材业市场管理总站
上海市政工程设计研究总院(集团)有限公司　主编

中国计划出版社出版发行
网址：www.jhpress.com
地址：北京市西城区木樨地北里甲 11 号国宏大厦 C 座 3 层
邮政编码：100038　电话：(010) 63906433（发行部）
北京市科星印刷有限责任公司印刷

880mm×1230mm　1/16　11.75 印张　335 千字
2017 年 7 月第 1 版　2017 年 7 月第 1 次印刷
印数 1—4800 册

ISBN 978-7-5182-0682-7
定价：94.00 元

**主编部门:**中华人民共和国住房和城乡建设部

**批准部门:**中华人民共和国住房和城乡建设部

**施行日期:**2 0 1 7 年 8 月 1 日

# 住房城乡建设部关于印发<br>城市地下综合管廊工程消耗量定额的通知

建标〔2017〕131 号

各省、自治区住房城乡建设厅，直辖市建委，国务院有关部门：

为加快推进城市地下综合管廊工程建设，满足城市地下综合管廊工程计价需要，我部组织编制了《城市地下综合管廊工程消耗量定额》，现印发给你们，自 2017 年 8 月 1 日起执行。执行中遇到的问题和有关建议请及时反馈我部标准定额司。

《城市地下综合管廊工程消耗量定额》由我部标准定额研究所组织中国计划出版社出版发行。

**中华人民共和国住房和城乡建设部**

**2017 年 6 月 9 日**

# 总 说 明

一、《城市地下综合管廊工程消耗量定额》(以下简称本定额)共分二册,包括:

第一册 建筑和装饰工程;

第二册 安装工程。

二、本定额是完成规定计量单位分部分项工程所需的人工、材料、施工机械台班的消耗量标准;是各地区、部门工程造价管理机构编制建设工程定额确定消耗量、编制国有投资工程投资估算、设计概算、最高投标限价的依据。

三、本定额适用于城市地下综合管廊本体(含标准段、吊装口、通风口、管线分支口、端部井等)的新建、扩建和改建工程,其他专业管线、线路套用相关的专业定额。

四、本定额以国家和有关部门发布的国家现行设计规范、施工及验收规范、技术操作规程、质量评定标准、产品标准和安全操作规程,现行工程量清单计价规范、计算规范和有关定额为依据编制,并参考了有关地区和行业标准、定额,以及典型工程设计、施工和其他资料。

五、本定额按正常施工条件,国内大多数施工企业采用的施工方法、机械化程度和合理的劳动组织及工期进行编制。

1. 设备、材料、成品、半成品、构配件完整无损,符合质量标准和设计要求,附有合格证书和实验记录。

2. 正常的气候、地理条件和施工环境。

3. 安装工程和土建工程之间的交叉作业正常。

4. 安装地点、建筑物、设备基础、预留孔洞等均符合安装要求。

六、关于人工:

1. 本定额的人工以合计工日表示,并分别列出普工、一般技工和高级技工的工日消耗量。

2. 本定额的人工包括基本用工、超运距用工、辅助用工和人工幅度差。

3. 本定额的人工每工日按8小时工作制计算。

七、关于材料:

1. 本定额中的材料包括施工中消耗的主要材料、辅助材料、周转材料和其他材料。

2. 本定额中材料消耗量包括净用量和损耗量。损耗量包括:从工地仓库、现场集中堆放地点(或现场加工地点)至操作(或安装)地点的施工场内运输损耗、施工操作损耗、施工现场堆放损耗等,规范(设计文件)规定的预留量、搭接量不在损耗率中考虑。

3. 本定额中的周转性材料按不同施工方法,不同类别、材质,计算出一次摊销量进入消耗量定额。

4. 对于用量少、低值易耗的零星材料,列为其他材料。

八、关于机械:

1. 本定额中的机械按常用机械、合理机械配备和施工企业的机械化装备程度,并结合工程实际综合确定。

2. 本定额的机械台班消耗量是按正常机械施工工效并考虑机械幅度差综合取定。

3. 凡单位价值2000元以内、使用年限在一年以内的不构成固定资产的施工机械,不列入机械台班消耗量,作为工具用具在建筑安装工程费中的企业管理费考虑,其消耗的燃料动力等列入材料。

九、关于仪器仪表:

1. 本定额的仪器仪表台班消耗量是按正常施工工效综合取定。

2. 凡单位价值2000元以内、使用年限在一年以内的不构成固定资产的仪器仪表,不列入仪器仪表台班消耗量。

十、本定额未考虑施工与生产同时进行时降效增加费,发生时另行计算。

十一、本定额适用于海拔2000m以下地区,超过上述情况时,由各地区、部门结合高原地区的特殊情况,自行制定调整办法。

十二、本定额注有“××以内”或“××以下”者,均包括“××”本身;“××以外”或“××以上”者,则不包括“××”本身。

十三、本说明未尽事宜,详见各册、章说明。

# 册 说 明

、《建筑和装饰工程》(以下简称本册定额)共分十章,包括:

第一章　土石方工程

第二章　地基处理及基坑支护工程

第三章　桩基础工程

第四章　砌筑工程

第五章　混凝土及钢筋混凝土工程

第六章　门窗工程

第七章　防水工程

第八章　装饰工程

第九章　排管工程

第十章　措施项目

二、本册定额适用于城市地下综合管廊本体的新建、扩建和改建中的建筑和装饰工程。

三、本册定额编制依据:

1.《市政工程工程量计算规范》GB 50857—2013;

2.《市政工程消耗量定额》ZYA 1-31-2015;

3.《房屋建筑与装饰工程消耗量定额》TY 01-31-2015;

4.《城市综合管廊工程技术规范》GB 50838—2015;

5. 现行法律、法规、标准、规范及规程;

6. 有代表性的工程设计施工数据及资料;

7. 国家及各省、市有关的计价依据、补充定额及有关资料。

四、本定额中的混凝土、沥青混凝土、砌筑砂浆、抹灰砂浆及各种胶泥等均按半成品消耗量以体积($m^3$)表示,混凝土按运至施工现场的预拌混凝土编制,砂浆按预拌砂浆编制,定额中的混凝土均按自然养护考虑。

五、本定额中未考虑现场搅拌混凝土子目,实际采用现场搅拌混凝土浇捣,人工、机械具体调整如下:

1. 人工增加 0.80 工日/$m^3$;

2. 混凝土搅拌机(400L)增加 0.052 台班/$m^3$。

六、本定额中未考虑普通现拌砂浆子目,实际采用现场拌和水泥砂浆,人工、机械具体调整如下:

1. 人工增加 0.382 工日/$m^3$;

2. 扣除定额预拌砂浆罐式搅拌机机械消耗量,增加灰浆搅拌机(200L)0.02 台班/$m^3$。

七、本说明未尽事宜,详见各章说明。

# 目　　录

## 第一章　土石方工程



## 第二章　地基处理及基坑支护工程



## 第三章　桩基础工程



## 第四章　砌筑工程



## 第五章　混凝土及钢筋混凝土工程



## 第六章　门窗工程



## 第七章　防水工程



## 第八章　装饰工程



## 第九章　排管工程



## 第十章　措施项目

# 第一章　土石方工程

# 说　明

一、本章定额包括土方工程、石方工程、回填及其他等项目。

二、沟槽、基坑、平整场地和一般土石方的划分：底宽7m以内，底长大于底宽3倍以上按沟槽计算；底长小于底宽3倍以内且基坑底面积在150m$^2$以内按基坑计算；厚度在30cm以内就地挖、填土按平整场地计算；超过上述范围的土、石方按一般土方和一般石方计算。

三、土石方运距应以挖方重心至填方重心或弃方重心最近距离计算，挖方重心、填方重心、弃方重心按施工组织设计确定。如遇下列情况应增加运距：

1. 人力及人力车运土、石方上坡坡度在15%以上，推土机重车上坡坡度大于5%，斜道运距按斜道长度乘以下表系数。

| 项　目 | 推　土　机 | | | 人力及人力车 |
|---|---|---|---|---|
| 坡度(%) | 5～10 | 15以内 | 25以内 | 15以上 |
| 系数 | 1.75 | 2.00 | 2.50 | 5.00 |

2. 采用人力垂直运输土、石方、淤泥、流砂，垂直深度每米折合水平运距7m计算。

四、坑、槽底加宽应按设计文件的数据或图纸尺寸计算，设计文件未明确的按施工组织设计的数据或图纸尺寸计算，设计文件未明确也无施工组织设计的可按下表计算。

**坑、槽底部每侧工作面宽度表(cm)**

<table>
<tr><th rowspan="2">管道结构宽度</th><th colspan="2">混凝土管道</th><th rowspan="2">金属管道</th><th colspan="2">构　筑　物</th></tr>
<tr><th>基础=90°</th><th>基础>90°</th><th>无防潮层</th><th>有防潮层</th></tr>
<tr><td>50以内</td><td>40</td><td>40</td><td>30</td><td rowspan="4">40</td><td rowspan="4">60</td></tr>
<tr><td>100以内</td><td>50</td><td>50</td><td>40</td></tr>
<tr><td>250以内</td><td>60</td><td>50</td><td>40</td></tr>
<tr><td>250以上</td><td>70</td><td>60</td><td>50</td></tr>
</table>

管道结构宽度：无管座按管道外径计算，有管座按管道基础外缘计算，构筑物按基础外缘计算，如设挡土板则每侧增加15cm。

五、管道接口作业坑和沿线各种井室所需增加开挖的土石方工程量按有关规定如实计算。管沟回填土应扣除管道、基础、垫层和各种构筑物所占的体积。

六、土壤分类详见土壤分类表。

**土壤分类表**

| 土壤分类 | 土 壤 名 称 | 开 挖 方 法 |
|---|---|---|
| 一、二类土 | 粉土、砂土(粉砂、细砂、中砂、粗砂、砾砂)、粉质黏土、弱中盐渍土、软土(淤泥质土、泥炭、泥炭质土)、软塑红黏土、冲填土 | 用锹、少许用镐、条锄开挖。机械能全部直接铲挖满载者 |
| 三类土 | 黏土、碎石土(圆砾、角砾)、混合土、可塑红黏土、硬塑红黏土、强盐渍土、素填土、压实填土 | 主要用镐、条锄,少许用锹开挖。机械需部分刨松方能铲挖满载者或可直接铲挖但不能满载者 |
| 四类土 | 碎石土(卵石、碎石、漂石、块石)、坚硬红黏土、超盐渍土、杂填土 | 全部用镐、条锄挖掘,少许用撬棍挖掘。机械需普遍刨松方能铲挖满载者 |

注:本表土的名称及其含义按现行国家标准《岩土工程勘察规范》GB 50021—2001(2009 年局部修订版)定义。

七、岩石分类详见岩石分类表。

**岩石分类表**

<table>
<tr><th colspan="2">岩石分类</th><th>代表性岩石</th><th>开挖方法</th><th>单轴饱和抗压强度(MPa)</th></tr>
<tr><td colspan="2">极软岩</td><td>1. 全风化的各种岩石;<br>2. 各种半成岩</td><td>部分用手凿工具、部分用爆破法开挖</td><td><5</td></tr>
<tr><td rowspan="2">软质岩</td><td>软石</td><td>1. 强风化的坚硬岩或较硬岩;<br>2. 中等风化—强风化的较软岩;<br>3. 未风化—微风化的页岩、泥岩、泥质砂岩等</td><td>用风镐和爆破法开挖</td><td>5 ~ 15</td></tr>
<tr><td>较软岩</td><td>1. 中等风化—强风化的坚硬岩或较硬岩;<br>2. 未风化—微风化的凝灰岩、千枚岩、泥灰岩、砂质泥岩等</td><td rowspan="3">用爆破法开挖</td><td>15 ~ 30</td></tr>
<tr><td rowspan="2">硬质岩</td><td>较硬岩</td><td>1. 微风化的坚硬岩;<br>2. 未风化,微风化的大理岩、板岩、石灰岩、白云岩、钙质砂岩等</td><td>30 ~ 60</td></tr>
<tr><td>坚硬岩</td><td>未风化—微风化的花岗岩、闪长岩、辉绿岩、玄武岩、安山岩、片麻岩、石英岩、石英砂岩、硅质砾岩、硅质石灰岩等</td><td>>60</td></tr>
</table>

注:本表依据现行国家标准《工程岩体分级标准》CB 50218—94 和《岩土工程勘察规范》GB 50021—2001(2009 年局部修订版)整理。

八、干土、湿土、淤泥的划分:首先以地质勘察资料为准,含水率大于或等于 25%、不超过液限的为湿土;或以地下常水位为准,常水位以上为干土,以下为湿土:含水率超过液限的为淤泥。除大型支撑基坑土方开挖定额子目外,挖湿土时,人工和机械挖土子目乘以系数 1.18,干、湿土工程量分别计算。采用井点降水的土方应按干土计算。

九、挖土机在垫板上作业，人工和机械乘以系数 1.25，搭拆垫板的费用另行计算。

十、推土机推土的平均土层厚度小于 30cm 时，推土机台班乘以系数 1.25。

十一、除大型支撑基坑土方开挖定额子目外，在支撑下挖土，按实挖体积，人工挖土子目乘以系数 1.43、机械挖土子目乘以系数 1.20。先开挖后支撑的不属于支撑下挖土。

十二、挖密实的钢碴，按挖四类土，人工子目乘以系数 2.50、机械子目乘以系数 1.50。

十三、人工挖土中遇碎、砾石含量在 31% ~50% 的密实黏土或黄土时按四类土乘以系数 1.43，碎、砾石含量超过 50% 时另行处理。

十四、三、四类土壤的土方二次翻挖按降低一级类别套用相应定额。淤泥翻挖，执行相应挖淤泥子目。

十五、大型支撑基坑土方开挖定额适用于地下连续墙、混凝土板桩、钢板桩等围护的跨度大于 8m 的深基坑开挖。定额中已包括湿土排水，若需采用井点降水，其费用另行计算。

十六、大型支撑基坑土方开挖由于场地狭小只能单面施工时，挖土机械按下表调整。

| 宽　　度 | 两边停机施工 | 单边停机施工 |
|---|---|---|
| 基坑宽 15m 内 | 15t | 25t |
| 基坑宽 15m 外 | 25t | 40t |

十七、平整场地，系指建(构)筑物所在现场厚度小于或等于 30cm 的就地挖、填及平整。挖填土方厚度大于 30cm 时，全部厚度按一般土方相应规定另行计算，但仍计算平整场地。

十八、本章定额中的大型机械是按建设工程施工机械台班费用规则中机械的种类、型号、功率等分别考虑的，在执行中应根据企业的机械既有情况及施工组织设计方案的配备情况执行相应定额。

十九、本章定额子目表中的施工机械是按合理的机械进行配备，在执行中不得因机械型号不同而调整。

二十、本章定额子目中未包括现场障碍物清理，障碍物清理费用另行计算。弃土、石方的场地占用费按当地规定处理。

二十一、本章定额子目中为满足环保要求而配备了洒水汽车在施工现场降尘，若实际施工中未采用洒水汽车降尘的，应扣除洒水汽车和水的费用。

# 工程量计算规则

一、土方的挖、推、铲、装、运等体积均以天然密实体积计算。不同状态的土方体积，按土方体积换算表相关系数换算。

**土方体积换算表**

| 虚方体积 | 天然密实体积 | 压实后体积 | 松填体积 |
|---|---|---|---|
| 1.00 | 0.77 | 0.67 | 0.83 |
| 1.30 | 1.00 | 0.87 | 1.08 |
| 1.50 | 1.15 | 1.00 | 1.25 |
| 1.20 | 0.92 | 0.80 | 1.00 |

二、土方工程量按图纸尺寸计算。修建机械上下坡便道的土方量以及为保证路基边缘的压实度而设计的加宽填筑土方量并入土方工程量内。

三、人工挖土堤台阶工程量，按挖前的堤坡斜面积计算，运土应另行计算。

四、挖土放坡应按设计文件的数据或图纸尺寸计算，设计文件未明确的按施工组织设计的数据或图纸尺寸计算，设计文件未明确也无施工组织设计的可按下表计算。

**放坡系数表**

| 土壤类别 | 放坡起点深度(m) | 人工开挖 | 机械开挖 | | |
|---|---|---|---|---|---|
| | | | 沟槽、坑内作业 | 沟槽、坑边作业 | 顺沟槽方向坑上作业 |
| 一、二类土 | 1.20 | 1:0.50 | 1:0.33 | 1:0.75 | 1:0.50 |
| 三类土 | 1.50 | 1:0.33 | 1:0.25 | 1:0.67 | 1:0.33 |
| 四类土 | 2.00 | 1:0.25 | 1:0.10 | 1:0.33 | 1:0.25 |

五、挖土交叉处产生的重复工程量不扣除。基础土方放坡，自基础(含垫层)底标高算起；如在同一断面内遇有数类土壤，其放坡系数可按各类土占全部深度的百分比加权计算。

六、除大型支撑基坑土方开挖定额子目外，机械挖土方中如需人工辅助开挖(包括切边、修整底边和修整沟槽底坡度)，机械挖土按实挖土方量的95%计算，人工挖土按实挖土方量的5%执行底层土质相对应子目乘以系数1.50。

七、大型支撑基坑土方开挖工程量按设计图示尺寸以体积计算。

八、石方的凿、挖、推、装、运、破碎等体积均以天然密实体积计算。不同状态的石方体积按石方体积换算表相关系数换算。

**石方体积换算表**

| 名　　称 | 天然密实体积 | 虚方体积 | 松填体积 | 夯实后体积 |
|---|---|---|---|---|
| 石方 | 1.00 | 1.54 | 1.31 | |
| 块石 | 1.00 | 1.75 | 1.43 | (码方)1.67 |
| 砂夹石 | 1.00 | 1.07 | 0.94 | |

九、石方工程量按图纸尺寸加允许超挖量计算，开挖坡面每侧允许超挖量：极软岩、软岩20cm，较软岩、硬质岩15cm。

十、填方按设计的回填体积计算。不同状态的土方体积，按土方体积换算表相关系数换算。

十一、夯实土堤按设计面积计算。清理土堤基础按设计规定以水平投影面积计算。

十二、平整场地工程量按施工组织设计尺寸以面积计算。

# 1. 土 方 工 程

**工作内容：**挖土、装土或抛土、修整底边、边坡等。 计量单位：100$m^3$

| 定额编号 | | | 1-1-1 | 1-1-2 | 1-1-3 |
|---|---|---|---|---|---|
| 项目 | | | 人工挖一般土方 | | |
| | | | 一、二类土 深度(m以内) | | |
| | | | 2 | 4 | 6 |
| 名称 | | 单位 | 消耗量 | | |
| 人工 | 合计工日 | 工日 | 22.1890 | 35.8960 | 44.1130 |
| | 普工 | 工日 | 22.1890 | 35.8960 | 44.1130 |

**工作内容：**挖土、装土或抛土、修整底边、边坡等。 计量单位：100$m^3$

| 定额编号 | | | 1-1-4 | 1-1-5 | 1-1-6 | 1-1-7 | 1-1-8 | 1-1-9 |
|---|---|---|---|---|---|---|---|---|
| 项目 | | | 人工挖一般土方 | | | | | |
| | | | 三类土 深度(m以内) | | | 四类土 深度(m以内) | | |
| | | | 2 | 4 | 6 | 2 | 4 | 6 |
| 名称 | | 单位 | 消耗量 | | | | | |
| 人工 | 合计工日 | 工日 | 35.9100 | 53.1810 | 57.8340 | 52.5420 | 66.2130 | 74.4660 |
| | 普工 | 工日 | 35.9100 | 53.1810 | 57.8340 | 52.5420 | 66.2130 | 74.4660 |

**工作内容：**挖土、抛土或装土运输、将土堆放于沟、槽边1m以外、修整底边、边坡。 计量单位：100$m^3$

| 定额编号 | | | 1-1-10 | 1-1-11 | 1-1-12 |
|---|---|---|---|---|---|
| 项目 | | | 人工挖沟、槽土方 | | |
| | | | 一、二类土 深度(m以内) | | |
| | | | 2 | 4 | 6 |
| 名称 | | 单位 | 消耗量 | | |
| 人工 | 合计工日 | 工日 | 32.6420 | 40.7650 | 50.3050 |
| | 普工 | 工日 | 32.6420 | 40.7650 | 50.3050 |

**工作内容:**挖土、抛土或装土运输、将土堆放于沟、槽边1m以外、修整底边、边坡。 **计量单位:**100m³

| 定额编号 | | | 1-1-13 | 1-1-14 | 1-1-15 | 1-1-16 | 1-1-17 | 1-1-18 |
|---|---|---|---|---|---|---|---|---|
| 项　目 | | | 人工挖沟、槽土方 | | | | | |
| | | | 三类土 深度(m以内) | | | 四类土 深度(m以内) | | |
| | | | 2 | 4 | 6 | 2 | 4 | 6 |
| 名　称 | | 单位 | 消耗量 | | | | | |
| 人工 | 合计工日 | 工日 | 55.1970 | 63.3240 | 72.8600 | 82.5840 | 90.7060 | 100.2410 |
| | 普工 | 工日 | 55.1970 | 63.3240 | 72.8600 | 82.5840 | 90.7060 | 100.2410 |

**工作内容:**挖土、抛土或装土运输、将土堆放于坑边1m以外、修整底边、边坡。 **计量单位:**100m³

| 定额编号 | | | 1-1-19 | 1-1-20 | 1-1-21 |
|---|---|---|---|---|---|
| 项　目 | | | 人工挖基坑土方 | | |
| | | | 一、二类土 深度(m以内) | | |
| | | | 2 | 4 | 6 |
| 名　称 | | 单位 | 消耗量 | | |
| 人工 | 合计工日 | 工日 | 34.7270 | 42.7770 | 52.0300 |
| | 普工 | 工日 | 34.7270 | 42.7770 | 52.0300 |

**工作内容:**挖土、抛土或装土运输、将土堆放于坑边1m以外、修整底边、边坡。 **计量单位:**100m³

| 定额编号 | | | 1-1-22 | 1-1-23 | 1-1-24 | 1-1-25 | 1-1-26 | 1-1-27 |
|---|---|---|---|---|---|---|---|---|
| 项　目 | | | 人工挖基坑土方 | | | | | |
| | | | 三类土 深度(m以内) | | | 四类土 深度(m以内) | | |
| | | | 2 | 4 | 6 | 2 | 4 | 6 |
| 名　称 | | 单位 | 消耗量 | | | | | |
| 人工 | 合计工日 | 工日 | 59.0860 | 67.1330 | 76.6060 | 88.6370 | 96.6830 | 106.1710 |
| | 普工 | 工日 | 59.0860 | 67.1330 | 76.6060 | 88.6370 | 96.6830 | 106.1710 |

**工作内容:**运土、卸土、清理道路、铺拆走道板。 **计量单位:**100m³

| 定额编号 | | | 1-1-28 | 1-1-29 | 1-1-30 | 1-1-31 |
|---|---|---|---|---|---|---|
| 项　目 | | | 人工运土 | | 双(单)轮车运土 | |
| | | | 运距20m内 | 100m内每增加20m | 运距50m内 | 500m内每增加50m |
| 名　称 | | 单位 | 消耗量 | | | |
| 人工 | 合计工日 | 工日 | 18.9950 | 3.9690 | 13.7030 | 3.3080 |
| | 普工 | 工日 | 18.9950 | 3.9690 | 13.7030 | 3.3080 |

**工作内容:**挖土、装车、运土、卸土、清理道路、铺拆走道板。 **计量单位:**100m³

| 定额编号 | | | 1-1-32 | 1-1-33 | 1-1-34 |
|---|---|---|---|---|---|
| 项目 | | | 机动翻斗车运土 | | 人工装汽车土方 |
| | | | 运距200m内 | 3000m以内每增加200m | |
| 名称 | | 单位 | 消耗量 | | |
| 人工 | 合计工日 | 工日 | 14.3850 | — | 15.7500 |
| | 普工 | 工日 | 14.3850 | — | 15.7500 |
| 机械 | 机动翻斗车1t | 台班 | 6.085 | 0.899 | — |

注:如采用手扶拖拉机运土也按翻斗车定额执行。

**工作内容:**挖淤泥流砂、抛或装淤泥流砂、清理底边、边坡。 **计量单位:**100m³

| 定额编号 | | | 1-1-35 | 1-1-36 | 1-1-37 |
|---|---|---|---|---|---|
| 项目 | | | 人工挖淤泥、流砂(深度m以内) | | |
| | | | 2 | 4 | 6 |
| 名称 | | 单位 | 消耗量 | | |
| 人工 | 合计工日 | 工日 | 80.2520 | 95.4420 | 104.6120 |
| | 普工 | 工日 | 80.2520 | 95.4420 | 104.6120 |

注:挖深超过6m,每加深1m,增加4.69工日/100m³;其他相应的安全措施费另计。

**工作内容:**挖、抛或装运、堆放于沟槽边1m以外。 **计量单位:**100m³

| 定额编号 | | | 1-1-38 | 1-1-39 | 1-1-40 | 1-1-41 | 1-1-42 | 1-1-43 |
|---|---|---|---|---|---|---|---|---|
| 项目 | | | 人工挖沟槽淤泥、流砂(深度m以内) | | | 人工挖基坑淤泥、流砂(深度m以内) | | |
| | | | 2 | 4 | 6 | 2 | 4 | 6 |
| 名称 | | 单位 | 消耗量 | | | | | |
| 人工 | 合计工日 | 工日 | 104.3280 | 124.0750 | 135.9960 | 112.3530 | 133.6190 | 146.4570 |
| | 普工 | 工日 | 104.3280 | 124.0750 | 135.9960 | 112.3530 | 133.6190 | 146.4570 |

注:挖深超过6m,每加深1m,挖沟槽增加6.097工日/100m³,挖基坑增加6.566工日/100m³;其他相应的安全措施费另计。

**工作内容:**运、卸淤泥流砂、清理道路、铺拆走道板。 **计量单位:**100m³

| 定额编号 | | | 1-1-44 | 1-1-45 | 1-1-46 | 1-1-47 |
|---|---|---|---|---|---|---|
| 项目 | | | 人工运淤泥、流砂 | | 双(单)轮车运淤泥、流砂 | |
| | | | 运距20m以内 | 200m以内每增加20m | 运距50m以内 | 500m以内每增加50m |
| 名称 | | 单位 | 消耗量 | | | |
| 人工 | 合计工日 | 工日 | 29.6730 | 6.2370 | 21.4430 | 5.1980 |
| | 普工 | 工日 | 29.6730 | 6.2370 | 21.4430 | 5.1980 |

**工作内容:**挖冻土、弃土于5m以内或装土、修整边底;人工打眼、装药、爆破、挖冻土、弃土于5m以内或装土、修整边底。

计量单位:$10m^3$

| 定额编号 | | | 1-1-48 | 1-1-49 |
|---|---|---|---|---|
| 项　目 | | | 人工挖冻土基深≤2m | |
| | | | 人工开挖 | 爆破后人工开挖 |
| 名　称 | | 单位 | 消　耗　量 | |
| 人工 | 合计工日 | 工日 | 10.3650 | 5.2390 |
| | 普工 | 工日 | 10.3650 | 5.2390 |
| 材料 | 电雷管 | 个 | — | 5.396 |
| | 合金钢钻头 | 个 | — | 0.101 |
| | 六角空心钢(综合) | kg | — | 0.202 |
| | 乳化炸药 | kg | — | 2.632 |
| | 铜芯塑料绝缘电线 BV-$1.5mm^2$ | m | — | 4.935 |
| | 铜芯塑料绝缘电线 BV-$2.5mm^2$ | m | — | 2.405 |

**工作内容:**推土、弃土、平整、空回、修理边坡、工作面内人工排水等辅助性工作。

计量单位:$1000m^3$

| 定额编号 | | | 1-1-50 | 1-1-51 | 1-1-52 | 1-1-53 | 1-1-54 | 1-1-55 |
|---|---|---|---|---|---|---|---|---|
| 项　目 | | | 推土机推土 | | | | | |
| | | | 90kW 内推土机 推距20m以内 | | | 90kW 内推土机 推距40m以内 | | |
| | | | 一、二类土 | 三类土 | 四类土 | 一、二类土 | 三类土 | 四类土 |
| 名　称 | | 单位 | 消　耗　量 | | | | | |
| 人工 | 合计工日 | 工日 | 4.0000 | 4.0000 | 4.0000 | 4.0000 | 4.0000 | 4.0000 |
| | 普工 | 工日 | 4.0000 | 4.0000 | 4.0000 | 4.0000 | 4.0000 | 4.0000 |
| 机械 | 履带式推土机 90kW | 台班 | 2.079 | 2.473 | 2.921 | 3.172 | 3.772 | 4.453 |

**工作内容:**推土、弃土、平整、空回、修理边坡、工作面内人工排水等辅助性工作。

计量单位:$1000m^3$

| 定额编号 | | | 1-1-56 | 1-1-57 | 1-1-58 | 1-1-59 | 1-1-60 | 1-1-61 |
|---|---|---|---|---|---|---|---|---|
| 项　目 | | | 推土机推土 | | | | | |
| | | | 90kW 内推土机 推距60m以内 | | | 90kW 内推土机 推距80m以内 | | |
| | | | 一、二类土 | 三类土 | 四类土 | 一、二类土 | 三类土 | 四类土 |
| 名　称 | | 单位 | 消　耗　量 | | | | | |
| 人工 | 合计工日 | 工日 | 4.0000 | 4.0000 | 4.0000 | 4.0000 | 4.0000 | 4.0000 |
| | 普工 | 工日 | 4.0000 | 4.0000 | 4.0000 | 4.0000 | 4.0000 | 4.0000 |
| 机械 | 履带式推土机 90kW | 台班 | 4.588 | 5.466 | 6.451 | 6.397 | 7.616 | 8.987 |

**工作内容:**推土、弃土、平整、空回、修理边坡、工作面内人工排水等辅助性工作。 **计量单位:**1000m³

| 定额编号 | | | 1-1-62 | 1-1-63 | 1-1-64 | 1-1-65 | 1-1-66 | 1-1-67 |
|---|---|---|---|---|---|---|---|---|
| 项目 | | | 推土机推土 | | | | | |
| | | | 105kW 内推土机 推距 20m 以内 | | | 105kW 内推土机 推距 40m 以内 | | |
| | | | 一、二类土 | 三类土 | 四类土 | 一、二类土 | 三类土 | 四类土 |
| 名称 | | 单位 | 消耗量 | | | | | |
| 人工 | 合计工日 | 工日 | 4.0000 | 4.0000 | 4.0000 | 4.0000 | 4.0000 | 4.0000 |
| | 普工 | 工日 | 4.0000 | 4.0000 | 4.0000 | 4.0000 | 4.0000 | 4.0000 |
| 机械 | 履带式推土机 105kW | 台班 | 1.684 | 2.007 | 2.365 | 2.545 | 3.028 | 3.575 |

**工作内容:**推土、弃土、平整、空回、修理边坡、工作面内人工排水等辅助性工作。 **计量单位:**1000m³

| 定额编号 | | | 1-1-68 | 1-1-69 | 1-1-70 | 1-1-71 | 1-1-72 | 1-1-73 |
|---|---|---|---|---|---|---|---|---|
| 项目 | | | 推土机推土 | | | | | |
| | | | 105kW 内推土机 推距 60m 以内 | | | 105kW 内推土机 推距 80m 以内 | | |
| | | | 一、二类土 | 三类土 | 四类土 | 一、二类土 | 三类土 | 四类土 |
| 名称 | | 单位 | 消耗量 | | | | | |
| 人工 | 合计工日 | 工日 | 4.0000 | 4.0000 | 4.0000 | 4.0000 | 4.0000 | 4.0000 |
| | 普工 | 工日 | 4.0000 | 4.0000 | 4.0000 | 4.0000 | 4.0000 | 4.0000 |
| 机械 | 履带式推土机 105kW | 台班 | 3.468 | 4.131 | 4.874 | 4.543 | 5.412 | 6.388 |

**工作内容:**挖土、将土堆放在一边或装车、清理机下余土、清理边坡、工作面内人工排水等辅助性工作。 **计量单位:**1000m³

| 定额编号 | | | 1-1-74 | 1-1-75 | 1-1-76 | 1-1-77 | 1-1-78 | 1-1-79 |
|---|---|---|---|---|---|---|---|---|
| 项目 | | | 反铲挖掘机挖土(斗容量 1.0m³)不装车 | | | 反铲挖掘机挖土(斗容量 1.0m³)装车 | | |
| | | | 一、二类土 | 三类土 | 四类土 | 一、二类土 | 三类土 | 四类土 |
| 名称 | | 单位 | 消耗量 | | | | | |
| 人工 | 合计工日 | 工日 | 4.0000 | 4.0000 | 4.0000 | 4.0000 | 4.0000 | 4.0000 |
| | 普工 | 工日 | 4.0000 | 4.0000 | 4.0000 | 4.0000 | 4.0000 | 4.0000 |
| 机械 | 履带式单斗液压挖掘机 1m³ | 台班 | 1.882 | 2.240 | 2.554 | 2.177 | 2.589 | 2.948 |
| | 履带式推土机 75kW | 台班 | 0.188 | 0.224 | 0.255 | 0.653 | 0.777 | 0.884 |

**工作内容：**挖土、将土堆放在一边或装车、清理机下余土、清理边坡、工作面内人工排水等辅助性工作。

计量单位：$1000m^3$

| 定额编号 | | | 1-1-80 | 1-1-81 | 1-1-82 | 1-1-83 | 1-1-84 | 1-1-85 |
|---|---|---|---|---|---|---|---|---|
| 项目 | | | 反铲挖掘机挖土（斗容量 $1.2 \sim 1.5m^3$）不装车 | | | 反铲挖掘机挖土（斗容量 $1.2 \sim 1.5m^3$）装车 | | |
| | | | 一、二类土 | 三类土 | 四类土 | 一、二类土 | 三类土 | 四类土 |
| 名称 | | 单位 | 消耗量 | | | | | |
| 人工 | 合计工日 | 工日 | 4.0000 | 4.0000 | 4.0000 | 4.0000 | 4.0000 | 4.0000 |
| | 普工 | 工日 | 4.0000 | 4.0000 | 4.0000 | 4.0000 | 4.0000 | 4.0000 |
| 机械 | 履带式单斗机械挖掘机 $1.5m^3$ | 台班 | 1.667 | 1.980 | 2.258 | 1.908 | 2.276 | 2.598 |
| | 履带式推土机 75kW | 台班 | 0.167 | 0.198 | 0.226 | 0.572 | 0.683 | 0.779 |

**工作内容：**挖土、将土堆放在一边、清理边坡、工作面内人工排水等辅助性工作。

计量单位：$1000m^3$

| 定额编号 | | | 1-1-86 | 1-1-87 | 1-1-88 | 1-1-89 |
|---|---|---|---|---|---|---|
| 项目 | | | 长臂挖掘机挖土（不装车，一、二类土） | | | |
| | | | 臂长（m） | | | |
| | | | 13 | 16 | 18 | 25 |
| 名称 | | 单位 | 消耗量 | | | |
| 人工 | 合计工日 | 工日 | 4.0000 | 4.0000 | 4.0000 | 4.0000 |
| | 普工 | 工日 | 4.0000 | 4.0000 | 4.0000 | 4.0000 |
| 机械 | 长臂挖掘机 270 型 13m | 台班 | 2.000 | — | — | — |
| | 长臂挖掘机 270 型 16m | 台班 | — | 2.333 | — | — |
| | 长臂挖掘机 360 型 18m | 台班 | — | — | 2.800 | — |
| | 长臂挖掘机 360 型 25m | 台班 | — | — | — | 4.667 |

**工作内容：**挖土、将土堆放在一边、清理边坡、工作面内人工排水等辅助性工作。

计量单位：$1000m^3$

| 定额编号 | | | 1-1-90 | 1-1-91 | 1-1-92 | 1-1-93 |
|---|---|---|---|---|---|---|
| 项目 | | | 长臂挖掘机挖土（不装车，三类土） | | | |
| | | | 臂长（m） | | | |
| | | | 13 | 16 | 18 | 25 |
| 名称 | | 单位 | 消耗量 | | | |
| 人工 | 合计工日 | 工日 | 4.0000 | 4.0000 | 4.0000 | 4.0000 |
| | 普工 | 工日 | 4.0000 | 4.0000 | 4.0000 | 4.0000 |
| 机械 | 长臂挖掘机 270 型 13m | 台班 | 2.380 | — | — | — |
| | 长臂挖掘机 270 型 16m | 台班 | — | 2.777 | — | — |
| | 长臂挖掘机 360 型 18m | 台班 | — | — | 3.332 | — |
| | 长臂挖掘机 360 型 25m | 台班 | — | — | — | 5.553 |

**工作内容**:挖淤泥或流砂、堆放一边或装车、移动位置、清理工作面。 **计量单位**:1000m³

| 定额编号 | | | 1-1-94 | 1-1-95 | 1-1-96 | 1-1-97 |
|---|---|---|---|---|---|---|
| 项目 | | | 反铲挖掘机挖淤泥、流砂 | | | |
| | | | 斗容量0.6m³ | | 斗容量1.0m³ | |
| | | | 不装车 | 装车 | 不装车 | 装车 |
| 名称 | | 单位 | 消耗量 | | | |
| 人工 | 合计工日 | 工日 | 8.7720 | 10.0000 | 6.1400 | 7.0000 |
| | 普工 | 工日 | 8.7720 | 10.0000 | 6.1400 | 7.0000 |
| 机械 | 履带式单斗液压挖掘机0.6m³ | 台班 | 5.632 | 6.420 | — | — |
| | 履带式单斗液压挖掘机1m³ | 台班 | — | — | 3.942 | 4.494 |
| | 履带式推土机75kW | 台班 | 1.825 | 2.080 | 1.277 | 1.456 |

注:1. 如需排水时,排水费另计。

2. 本定额不包括挖掘机的场内支垫费用,如发生按实际计算。

**工作内容**:铲土、运土、卸土、人力清理机下余土。 **计量单位**:1000m³

| 定额编号 | | | 1-1-98 | 1-1-99 | 1-1-100 | 1-1-101 | 1-1-102 |
|---|---|---|---|---|---|---|---|
| 项目 | | | 装载机装运土方(斗容量1m³以内)运距(m以内) | | | | |
| | | | 20 | 60 | 80 | 100 | 150 |
| 名称 | | 单位 | 消耗量 | | | | |
| 人工 | 合计工日 | 工日 | 4.0000 | 4.0000 | 4.0000 | 4.0000 | 4.0000 |
| | 普工 | 工日 | 4.0000 | 4.0000 | 4.0000 | 4.0000 | 4.0000 |
| 机械 | 轮胎式装载机1m³ | 台班 | 3.566 | 6.397 | 7.329 | 8.055 | 10.179 |

**工作内容**:铲土、运土、卸土、人力清理机下余土。 **计量单位**:1000m³

| 定额编号 | | | 1-1-103 | 1-1-104 | 1-1-105 | 1-1-106 | 1-1-107 |
|---|---|---|---|---|---|---|---|
| 项目 | | | 装载机装运土方(斗容量1.5m³以内)运距(m以内) | | | | |
| | | | 20 | 60 | 80 | 100 | 150 |
| 名称 | | 单位 | 消耗量 | | | | |
| 人工 | 合计工日 | 工日 | 4.0000 | 4.0000 | 4.0000 | 4.0000 | 4.0000 |
| | 普工 | 工日 | 4.0000 | 4.0000 | 4.0000 | 4.0000 | 4.0000 |
| 机械 | 轮胎式装载机1.5m³ | 台班 | 2.822 | 4.704 | 5.331 | 5.806 | 7.267 |

**工作内容**:运土、卸土、空回、场内道路洒水。 **计量单位**:1000m³

| 定额编号 | | | 1-1-108 | 1-1-109 | 1-1-110 | 1-1-111 | 1-1-112 | 1-1-113 |
|---|---|---|---|---|---|---|---|---|
| 项目 | | | 自卸汽车运土(载重6t以内)运距(km) | | 自卸汽车运土(载重8t以内)运距(km) | | 自卸汽车运土(载重10t以内)运距(km) | |
| | | | 1 | 每增运1 | 1 | 每增运1 | 1 | 每增运1 |
| 名称 | | 单位 | 消耗量 | | | | | |
| 材料 | 水 | m³ | 12.000 | — | 12.000 | — | 12.000 | — |
| 机械 | 洒水车4000L | 台班 | 0.484 | — | 0.484 | — | 0.484 | — |
| | 自卸汽车10t | 台班 | — | — | — | — | 8.177 | 2.053 |
| | 自卸汽车6t | 台班 | 10.951 | 3.120 | — | — | — | — |
| | 自卸汽车8t | 台班 | — | — | 9.797 | 2.555 | — | — |

**工作内容：**运土、卸土、空回、场内道路洒水。　　　　**计量单位：**$1000m^3$

| 定额编号 | | | 1-1-114 | 1-1-115 | 1-1-116 | 1-1-117 |
|---|---|---|---|---|---|---|
| 项　目 | | | 自卸汽车运土（载重12t以内）运距（km） | | 自卸汽车运土（载重15t以内）运距（km） | |
| | | | 1 | 每增运1 | 1 | 每增运1 |
| 名　称 | | 单位 | 消　耗　量 | | | |
| 材料 | 水 | $m^3$ | 12.000 | — | 12.000 | — |
| 机械 | 洒水车4000L | 台班 | 0.484 | — | 0.484 | — |
| | 自卸汽车12t | 台班 | 7.814 | 1.684 | — | — |
| | 自卸汽车15t | 台班 | — | — | 7.007 | 1.359 |

**工作内容：**操作机械引斗挖土、装车、人工推铲、扣挖支撑下土体、挖引水沟、机械排水、人工整修底面。　　　　**计量单位：**$100m^3$

| 定额编号 | | | 1-1-118 | 1-1-119 | 1-1-120 | 1-1-121 |
|---|---|---|---|---|---|---|
| 项　目 | | | 大型支撑基坑土方宽15m以内 | | | |
| | | | 深3.5m以内 | 深7m以内 | 深11m以内 | 深15m以内 |
| 名　称 | | 单位 | 消　耗　量 | | | |
| 人工 | 合计工日 | 工日 | 5.3720 | 6.4010 | 8.4150 | 11.8240 |
| | 普工 | 工日 | 5.3720 | 6.4010 | 8.4150 | 11.8240 |
| 材料 | 其他材料费 | 元 | 14.870 | 14.200 | 13.330 | 12.920 |
| 机械 | 履带式单斗液压挖掘机 $0.6m^3$ | 台班 | 1.371 | 0.762 | 0.636 | 0.654 |
| | 履带式起重机15t | 台班 | — | 0.968 | 1.469 | 1.756 |
| | 履带式推土机105kW | 台班 | 0.260 | 0.323 | 0.403 | 0.233 |
| | 污水泵100mm | 台班 | 1.075 | 1.434 | 1.792 | 2.267 |

**工作内容：**操作机械引斗挖土、装车、人工推铲、扣挖支撑下土体、挖引水沟、机械排水、人工整修底面。　　　　**计量单位：**$100m^3$

| 定额编号 | | | 1-1-122 | 1-1-123 | 1-1-124 |
|---|---|---|---|---|---|
| 项　目 | | | 大型支撑基坑土方宽15m以外 | | |
| | | | 深7m以内 | 深11m以内 | 深15m以内 |
| 名　称 | | 单位 | 消　耗　量 | | |
| 人工 | 合计工日 | 工日 | 6.2820 | 8.3300 | 11.8070 |
| | 普工 | 工日 | 6.2820 | 8.3300 | 11.8070 |
| 材料 | 其他材料费 | 元 | 13.330 | 12.950 | 12.350 |
| 机械 | 履带式单斗液压挖掘机 $0.6m^3$ | 台班 | 0.762 | 0.636 | 0.654 |
| | 履带式起重机25t | 台班 | 0.968 | 1.469 | 1.756 |
| | 履带式推土机105kW | 台班 | 0.323 | 0.403 | 0.233 |
| | 污水泵100mm | 台班 | 1.434 | 1.792 | 2.267 |

**工作内容**：装泥砂、运泥砂、弃泥砂、清理机下余泥、维护行驶道路。 **计量单位**：10m³

| 定额编号 | | | 1－1－125 | 1－1－126 |
|---|---|---|---|---|
| 项目 | | | 泥浆罐车运淤泥流砂 | |
| | | | 运距≤1km | 每增运1km |
| 名称 | | 单位 | 消耗量 | |
| 人工 | 合计工日 | 工日 | 3.4340 | — |
| | 普工 | 工日 | 3.4340 | — |
| 机械 | 泥浆泵 100mm | 台班 | 0.340 | — |
| | 泥浆罐车 5000L | 台班 | 1.010 | 0.150 |

## 2. 石方工程

**工作内容**：凿岩、清碴、攒堆待运、修边整体等。 **计量单位**：100m³

| 定额编号 | | | 1－1－127 | 1－1－128 | 1－1－129 |
|---|---|---|---|---|---|
| 项目 | | | 人工凿平基（一般石方） | | |
| | | | 极软岩 | 软岩 | 较软岩 |
| 名称 | | 单位 | 消耗量 | | |
| 人工 | 合计工日 | 工日 | 58.8000 | 74.2770 | 93.8490 |
| | 普工 | 工日 | 58.8000 | 74.2770 | 93.8490 |

**工作内容**：打单、双面槽子、碎石，槽壁打直，底检平，将石方运出槽边1m以外、5m以内。 **计量单位**：100m³

| 定额编号 | | | 1－1－130 | 1－1－131 | 1－1－132 | 1－1－133 | 1－1－134 | 1－1－135 |
|---|---|---|---|---|---|---|---|---|
| 项目 | | | 人工凿沟槽 | | | | | |
| | | | 极软岩（深度m以内） | | 软岩（深度m以内） | | 较软岩（深度m以内） | |
| | | | 2 | 4 | 2 | 4 | 2 | 4 |
| 名称 | | 单位 | 消耗量 | | | | | |
| 人工 | 合计工日 | 工日 | 64.1170 | 79.0760 | 85.5160 | 101.2400 | 117.8860 | 136.9300 |
| | 普工 | 工日 | 64.1170 | 79.0760 | 85.5160 | 101.2400 | 117.8860 | 136.9300 |

**工作内容**：打单、双面槽子、碎石，坑壁打直，底检平，将石方运出坑边1m以外、5m以内。 **计量单位**：100m³

| 定额编号 | | | 1－1－136 | 1－1－137 | 1－1－138 | 1－1－139 | 1－1－140 | 1－1－141 |
|---|---|---|---|---|---|---|---|---|
| 项目 | | | 人工凿基坑 | | | | | |
| | | | 极软岩（深度m以内） | | 软岩（深度m以内） | | 较软岩（深度m以内） | |
| | | | 2 | 4 | 2 | 4 | 2 | 4 |
| 名称 | | 单位 | 消耗量 | | | | | |
| 人工 | 合计工日 | 工日 | 76.9400 | 94.8910 | 102.6190 | 121.4870 | 142.4660 | 162.8740 |
| | 普工 | 工日 | 76.9400 | 94.8910 | 102.6190 | 121.4870 | 142.4660 | 162.8740 |

**工作内容：**清理道路，挖、装、运、卸。　　**计量单位：**$100m^3$

| 定额编号 | | | 1－1－142 | 1－1－143 | 1－1－144 | 1－1－145 | 1－1－146 | 1－1－147 |
|---|---|---|---|---|---|---|---|---|
| 项　目 | | | 明挖石碴运输 | | | | | |
| | | | 人工运 | | 双(单)轮车运 | | 人力装、机动翻斗车运 | |
| | | | 20m 以内 | 每增 20m | 50m 以内 | 每增 50m | 1000m 以内 | 3000m 内每增 200m |
| 名　称 | | 单位 | 消　耗　量 | | | | | |
| 人工 | 合计工日 | 工日 | 38.7600 | 6.5100 | 32.9380 | 3.6750 | 21.5780 | — |
| | 普工 | 工日 | 38.7600 | 6.5100 | 32.9380 | 3.6750 | 21.5780 | — |
| 机械 | 机动翻斗车 1t | 台班 | — | — | — | — | 20.042 | 1.739 |

**工作内容：**凿石，清碴攒堆或装车，清底修边。　　**计量单位：**$100m^2$

| 定额编号 | | | 1－1－148 | 1－1－149 | 1－1－150 | 1－1－151 | 1－1－152 |
|---|---|---|---|---|---|---|---|
| 项　目 | | | 人工清理爆破基底 | | | | |
| | | | 一般石方 | | | | |
| | | | 极软岩 | 软岩 | 较软岩 | 较硬岩 | 坚硬岩 |
| 名　称 | | 单位 | 消　耗　量 | | | | |
| 人工 | 合计工日 | 工日 | 8.6480 | 10.7500 | 13.3740 | 30.2960 | 52.0510 |
| | 普工 | 工日 | 8.6480 | 10.7500 | 13.3740 | 30.2960 | 52.0510 |

**工作内容：**凿石，清碴攒堆或装车，清底修边。　　**计量单位：**$100m^2$

| 定额编号 | | | 1－1－153 | 1－1－154 | 1－1－155 | 1－1－156 | 1－1－157 |
|---|---|---|---|---|---|---|---|
| 项　目 | | | 人工清理爆破基底 | | | | |
| | | | 槽坑石方 | | | | |
| | | | 极软岩 | 软岩 | 较软岩 | 较硬岩 | 坚硬岩 |
| 名　称 | | 单位 | 消　耗　量 | | | | |
| 人工 | 合计工日 | 工日 | 9.5400 | 14.2710 | 26.2340 | 59.1830 | 118.3430 |
| | 普工 | 工日 | 9.5400 | 14.2710 | 26.2340 | 59.1830 | 118.3430 |

**工作内容：**凿石，清碴攒堆或装车，清底修边。　　**计量单位：**$100m^2$

| 定额编号 | | | 1－1－158 | 1－1－159 | 1－1－160 | 1－1－161 | 1－1－162 |
|---|---|---|---|---|---|---|---|
| 项　目 | | | 人工修整爆破边坡 | | | | |
| | | | 极软岩 | 软岩 | 较软岩 | 较硬岩 | 坚硬岩 |
| 名　称 | | 单位 | 消　耗　量 | | | | |
| 人工 | 合计工日 | 工日 | 7.1860 | 9.2980 | 14.8010 | 33.4830 | 64.3600 |
| | 普工 | 工日 | 7.1860 | 9.2980 | 14.8010 | 33.4830 | 64.3600 |

**工作内容:**挖碴,弃碴于5m以内或装碴。 **计量单位:**10m³

| 定额编号 | | | 1-1-163 | 1-1-164 |
|---|---|---|---|---|
| 项目 | | | 人工清石碴 | |
| | | | 一般石方 | 槽坑 |
| 名称 | | 单位 | 消耗量 | |
| 人工 | 合计工日 | 工日 | 1.9000 | 2.7940 |
| | 普工 | 工日 | 1.9000 | 2.7940 |

**工作内容:**切割机锯缝,开凿石方,打碎,修边检底。 **计量单位:**100m³

| 定额编号 | | | 1-1-165 | 1-1-166 | 1-1-167 |
|---|---|---|---|---|---|
| 项目 | | | 切割机切割平基(一般)石方 | | |
| | | | 软质岩 | 较硬岩 | 坚硬岩 |
| 名称 | | 单位 | 消耗量 | | |
| 人工 | 合计工日 | 工日 | 66.8560 | 145.7020 | 233.4050 |
| | 普工 | 工日 | 66.8560 | 145.7020 | 233.4050 |
| 材料 | 刀片 *D*1000 | 片 | 0.153 | 0.191 | 0.225 |
| | 水 | m³ | 6.000 | 7.000 | 8.500 |
| 机械 | 岩石切割机 3kW | 台班 | 2.032 | 2.537 | 2.999 |

**工作内容:**切割机锯缝、开凿石方、打碎、修边检底,将石方运出槽(坑)边1m以外、5m以内。 **计量单位:**100m³

| 定额编号 | | | 1-1-168 | 1-1-169 | 1-1-170 |
|---|---|---|---|---|---|
| 项目 | | | 切割机切割坑(槽)石方 | | |
| | | | 软质岩 | 较硬岩 | 坚硬岩 |
| 名称 | | 单位 | 消耗量 | | |
| 人工 | 合计工日 | 工日 | 102.2030 | 212.3000 | 352.3230 |
| | 普工 | 工日 | 102.2030 | 212.3000 | 352.3230 |
| 材料 | 刀片 *D*1000 | 片 | 0.222 | 0.277 | 0.361 |
| | 水 | m³ | 6.000 | 7.000 | 8.000 |
| 机械 | 岩石切割机 3kW | 台班 | 2.953 | 3.691 | 4.798 |

**工作内容:**装拆合金钎头、破碎岩石、机械移动。 **计量单位:**1000m³

| 定额编号 | | | 1-1-171 | 1-1-172 | 1-1-173 | 1-1-174 |
|---|---|---|---|---|---|---|
| 项目 | | | 液压岩石破碎机破碎岩石 | | | |
| | | | 极软岩 | 软质岩 | 较硬岩 | 坚硬岩 |
| 名称 | | 单位 | 消耗量 | | | |
| 人工 | 合计工日 | 工日 | 1.9090 | 1.9090 | 1.9090 | 1.9090 |
| | 普工 | 工日 | 1.9090 | 1.9090 | 1.9090 | 1.9090 |
| 材料 | 合金钎头 $\phi$135 | 个 | 0.140 | 0.231 | 0.578 | 1.155 |
| 机械 | 履带式液压岩石破碎机 20mm | 台班 | 11.655 | 17.500 | 29.155 | 36.855 |

注:破碎坑、槽岩石按相应定额子目乘以1.3系数。

**工作内容：**装拆合金钎头、破碎岩石、机械移动。 **计量单位：**1000m³

| 定额编号 | | | 1-1-175 | 1-1-176 | 1-1-177 | 1-1-178 |
|---|---|---|---|---|---|---|
| 项目 | | | 液压岩石破碎机破碎岩石 | | | |
| | | | 极软岩 | 软质岩 | 较硬岩 | 坚硬岩 |
| 名称 | | 单位 | 消耗量 | | | |
| 人工 | 合计工日 | 工日 | 1.9090 | 1.9090 | 1.9090 | 1.9090 |
| | 普工 | 工日 | 1.9090 | 1.9090 | 1.9090 | 1.9090 |
| 材料 | 合金钎头 $\phi$150 | 个 | 0.140 | 0.231 | 0.578 | 1.155 |
| 机械 | 履带式液压岩石破碎机 300mm | 台班 | 10.010 | 15.925 | 23.345 | 29.155 |

注：破碎坑、槽岩石按相应定额子目乘以1.3系数。

**工作内容：**装拆合金钎头、破碎岩石、机械移动。 **计量单位：**1000m³

| 定额编号 | | | 1-1-179 | 1-1-180 | 1-1-181 | 1-1-182 |
|---|---|---|---|---|---|---|
| 项目 | | | 液压岩石破碎机破碎岩石 | | | |
| | | | 极软岩 | 软质岩 | 较硬岩 | 坚硬岩 |
| 名称 | | 单位 | 消耗量 | | | |
| 人工 | 合计工日 | 工日 | 1.9090 | 1.9090 | 1.9090 | 1.9090 |
| | 普工 | 工日 | 1.9090 | 1.9090 | 1.9090 | 1.9090 |
| 材料 | 合金钎头 $\phi$160 | 个 | 0.140 | 0.231 | 0.578 | 1.155 |
| 机械 | 履带式液压岩石破碎机 400mm | 台班 | 7.770 | 9.205 | 14.000 | 19.460 |

注：破碎坑、槽岩石按相应定额子目乘以1.3系数。

**工作内容：**装卸机头、机械移动、破碎岩石。 **计量单位：**10m³

| 定额编号 | | | 1-1-183 | 1-1-184 | 1-1-185 | 1-1-186 | 1-1-187 |
|---|---|---|---|---|---|---|---|
| 项目 | | | 液压锤破碎石方 | | | | |
| | | | 极软岩 | 软岩 | 较软岩 | 较硬岩 | 坚硬岩 |
| 名称 | | 单位 | 消耗量 | | | | |
| 人工 | 合计工日 | 工日 | 0.3160 | 0.4050 | 0.6150 | 0.8740 | 1.2440 |
| | 普工 | 工日 | 0.3160 | 0.4050 | 0.6150 | 0.8740 | 1.2440 |
| 机械 | 履带式单斗液压挖掘机 1m³ | 台班 | 0.186 | 0.238 | 0.362 | 0.514 | 0.732 |
| | 液压锤 HM960 | 台班 | 0.186 | 0.238 | 0.362 | 0.514 | 0.732 |

**工作内容**:集碴、弃碴、平整。

计量单位:1000m³

| 定额编号 | | | 1-1-188 | 1-1-189 | 1-1-190 | 1-1-191 |
|---|---|---|---|---|---|---|
| 项目 | | | 推土机推石碴 | | | |
| | | | 90kW 推土机推碴运距 | | | |
| | | | 10m 内 | 20m 内 | 30m 内 | 40m 内 |
| 名称 | | 单位 | 消耗量 | | | |
| 人工 | 合计工日 | 工日 | 7.6360 | 7.6360 | 7.6360 | 7.6360 |
| | 普工 | 工日 | 7.6360 | 7.6360 | 7.6360 | 7.6360 |
| 机械 | 履带式推土机 90kW | 台班 | 4.188 | 5.998 | 8.020 | 9.751 |

**工作内容**:集碴、弃碴、平整。

计量单位:1000m³

| 定额编号 | | | 1-1-192 | 1-1-193 | 1-1-194 | 1-1-195 |
|---|---|---|---|---|---|---|
| 项目 | | | 推土机推石碴 | | | |
| | | | 105kW 推土机推碴运距 | | | |
| | | | 10m 内 | 20m 内 | 30m 内 | 40m 内 |
| 名称 | | 单位 | 消耗量 | | | |
| 人工 | 合计工日 | 工日 | 7.6360 | 7.6360 | 7.6360 | 7.6360 |
| | 普工 | 工日 | 7.6360 | 7.6360 | 7.6360 | 7.6360 |
| 机械 | 履带式推土机 105kW | 台班 | 3.992 | 5.536 | 7.284 | 8.943 |

**工作内容**:集碴、挖碴、弃碴或装车,平整,场内道路维护,工作面内人工排水等辅助性工作。

计量单位:1000m³

| 定额编号 | | | 1-1-196 | 1-1-197 | 1-1-198 | 1-1-199 |
|---|---|---|---|---|---|---|
| 项目 | | | 履带式反铲液压挖掘机挖石碴 | | | |
| | | | 不装车 | | 装车 | |
| | | | 斗容 0.6m³ | 斗容 1.0m³ | 斗容 0.6m³ | 斗容 1.0m³ |
| 名称 | | 单位 | 消耗量 | | | |
| 人工 | 合计工日 | 工日 | 7.6360 | 7.6360 | 7.6360 | 7.6360 |
| | 普工 | 工日 | 7.6360 | 7.6360 | 7.6360 | 7.6360 |
| 机械 | 履带式单斗液压挖掘机 0.6m³ | 台班 | 5.873 | — | 6.477 | — |
| | 履带式单斗液压挖掘机 1m³ | 台班 | — | 3.859 | — | 4.188 |
| | 履带式推土机 90kW | 台班 | 0.588 | 0.386 | 1.943 | 1.256 |

**工作内容:**运碴、卸碴、空回、场内行驶道路洒水养护。　　**计量单位:**1000m³

| 定额编号 | | | 1-1-200 | 1-1-201 | 1-1-202 | 1-1-203 | 1-1-204 | 1-1-205 |
|---|---|---|---|---|---|---|---|---|
| 项目 | | | 10t 自卸汽车运石碴运距(km) | | 12t 自卸汽车运石碴运距(km) | | 15t 自卸汽车运石碴运距(km) | |
| | | | 1 | 每增运1 | 1 | 每增运1 | 1 | 每增运1 |
| 名称 | | 单位 | 消耗量 | | | | | |
| 材料 | 水 | m³ | 12.000 | | 12.000 | | 12.000 | |
| 机械 | 洒水车 4000L | 台班 | 0.479 | — | 0.479 | — | 0.479 | — |
| | 自卸汽车 10t | 台班 | 14.852 | 3.050 | — | — | — | — |
| | 自卸汽车 12t | 台班 | — | — | 12.720 | 2.493 | — | — |
| | 自卸汽车 15t | 台班 | — | — | — | — | 11.399 | 2.018 |

**工作内容:**风镐破碎岩石。　　**计量单位:**10m³

| 定额编号 | | | 1-1-206 |
|---|---|---|---|
| 项目 | | | 风镐破碎石方 |
| | | | 孤石 |
| 名称 | | 单位 | 消耗量 |
| 人工 | 合计工日 | 工日 | 27.9560 |
| | 普工 | 工日 | 27.956 |
| 材料 | 高压风管 $\phi$25-6P-20m | m | 0.050 |
| | 合金钢钻头 一字形 | 个 | 0.248 |
| | 六角空心钢（综合） | kg | 0.397 |
| 机械 | 电动空气压缩机 9m³/min | 台班 | 2.880 |
| | 手持式风动凿岩机 | 台班 | 18.481 |

## 3. 回填及其他

**工作内容:**厚度在±30cm内就地挖填、找平、工作面内人工排水等辅助性工作。

| 定额编号 | | | 1-1-207 | 1-1-208 | 1-1-209 |
|---|---|---|---|---|---|
| 项目 | | | 人工平整场地 | 机械平整场地 | |
| | | | | 推土机 75kW | 拖式铲运机 7m³ |
| | | | 100m² | 1000m² | 1000m² |
| 名称 | | 单位 | 消耗量 | | |
| 人工 | 合计工日 | 工日 | 1.7010 | 0.9550 | 0.9550 |
| | 普工 | 工日 | 1.7010 | 0.9550 | 0.9550 |
| 机械 | 履带式推土机 75kW | 台班 | — | 0.564 | — |
| | 拖式铲运机 7m³ | 台班 | — | — | 0.403 |

**工作内容**:平土、夯土(碾压)。

| 定额编号 | | | 1-1-210 | 1-1-211 | 1-1-212 | 1-1-213 | 1-1-214 | 1-1-215 |
|---|---|---|---|---|---|---|---|---|
| 项目 | | | 人工原土夯实 | | 机械原土夯实 | | 机械原土碾压 | |
| | | | 平地 | 槽、坑 | 平地 | 槽、坑 | 拖式双筒羊足碾 | 内燃压路机15t以内 |
| | | | 100m² | 100m² | 100m² | 100m² | 1000m² | 1000m² |
| 名称 | | 单位 | 消耗量 | | | | | |
| 人工 | 合计工日 | 工日 | 1.2390 | 1.5020 | 0.9410 | 1.0250 | 0.9550 | 0.9550 |
| | 普工 | 工日 | 1.2390 | 1.5020 | 0.9410 | 1.0250 | 0.9550 | 0.9550 |
| 机械 | 钢轮内燃压路机 15t | 台班 | — | — | — | — | — | 0.125 |
| | 夯实机电动 20~62N·m | 台班 | — | — | 0.502 | 0.547 | — | — |
| | 履带式拖拉机 75kW | 台班 | — | — | — | — | 0.054 | — |
| | 拖式双筒羊角碾 6t | 台班 | — | — | — | — | 0.054 | — |

**工作内容**:5m 内取土,铺平;5m 内取土、填土、夯土、运水、洒水;5m 内取土、摊铺、碎土、平土、夯土。

**计量单位**:100m³

| 定额编号 | | | 1-1-216 | 1-1-217 | 1-1-218 | 1-1-219 | 1-1-220 | 1-1-221 |
|---|---|---|---|---|---|---|---|---|
| 项目 | | | 人工填土 | | 人工填土夯实 | | 机械填土夯实 | |
| | | | 松填土 | | 平地 | 槽、坑 | 平地 | 槽、坑 |
| | | | 槽、坑 | 平地 | | | | |
| 名称 | | 单位 | 消耗量 | | | | | |
| 人工 | 合计工日 | 工日 | 8.7220 | 7.4550 | 28.7230 | 33.6060 | 11.8670 | 13.4130 |
| | 普工 | 工日 | 8.7220 | 7.4550 | 28.7230 | 33.6060 | 11.8670 | 13.4130 |
| 材料 | 水 | m³ | — | — | 1.550 | 1.550 | — | — |
| 机械 | 夯实机电动 20~62N·m | 台班 | — | — | — | — | 5.501 | 7.150 |

**工作内容**：回填、推平、碾压、工作面内人工排水等辅助性工作。　　　　**计量单位**：$1000m^3$

| 定额编号 | | | 1－1－222 | 1－1－223 | 1－1－224 | 1－1－225 | 1－1－226 |
|---|---|---|---|---|---|---|---|
| 项　目 | | | 机械填土碾压 | | | | |
| | | | 拖式双筒羊足碾 75kW | 内燃压路机 6t 以内 | 内燃压路机 15t 以内 | 振动压路机 10t 内 | 振动压路机 15t 内 |
| 名　称 | | 单位 | 消　耗　量 | | | | |
| 人工 | 合计工日 | 工日 | 4.0000 | 4.0000 | 4.0000 | 4.0000 | 4.0000 |
| | 普工 | 工日 | 4.0000 | 4.0000 | 4.0000 | 4.0000 | 4.0000 |
| 材料 | 水 | $m^3$ | 15.000 | 15.000 | 15.000 | 15.000 | 15.000 |
| 机械 | 钢轮内燃压路机 15t | 台班 | — | — | 7.320 | — | — |
| | 钢轮内燃压路机 6t | 台班 | — | 6.586 | — | — | — |
| | 钢轮振动压路机 10t | 台班 | — | — | — | 4.355 | — |
| | 钢轮振动压路机 15t | 台班 | — | — | — | — | 3.933 |
| | 履带式推土机 75kW | 台班 | 0.278 | 0.663 | 0.735 | 0.439 | 0.394 |
| | 履带式拖拉机 75kW | 台班 | 2.742 | — | — | — | — |
| | 洒水车 4000L | 台班 | 0.672 | 0.672 | 0.672 | 0.672 | 0.672 |
| | 拖式双筒羊角碾 6t | 台班 | 2.742 | — | — | — | — |

**工作内容**：钎孔布置，打钎，拔钎，灌砂堵眼；碎土，5m 内就地取土，筛土。

| 定额编号 | | | 1－1－227 | 1－1－228 |
|---|---|---|---|---|
| 项　目 | | | 基底钎探 | 筛土 |
| | | | $100m^2$ | $10m^3$ |
| 名　称 | | 单位 | 消　耗　量 | |
| 人工 | 合计工日 | 工日 | 3.5700 | 3.1430 |
| | 普工 | 工日 | 3.5700 | 3.1430 |
| 材料 | 钢钎 $\phi$22～25mm | kg | 8.173 | — |
| | 砂子（中粗砂） | $m^3$ | 0.251 | — |
| | 烧结煤矸石普通砖 240×115×53 | 千块 | 0.029 | — |
| | 水 | $m^3$ | 0.050 | — |
| 机械 | 轻便钎探器 | 台班 | 0.800 | — |

# 第二章　地基处理及基坑支护工程

# 说　明

一、本章定额包括地基处理和基坑及边坡支护等项目。

二、填料加固。

1.填料加固项目适用于软弱地基挖土后的换填材料加固工程。

2.填料加固夯填灰土就地取土时,应扣除灰土配比中的黏土。

三、填料桩。

1.振冲碎石桩定额中不包括泥浆排放处理的费用,需要时另行计算。

2.碎石桩与砂石桩的充盈系数为1.30,损耗率为2.00%。实测砂石配合比及充盈系数不同时可以调整。其中灌注砂石桩除上述充盈系数和损耗率外,还包括级配密实系数1.33。

3.水泥粉煤灰碎石桩(CFG)土方场外运输执行本定额"第一章 土石方工程"相应项目。

四、搅拌桩。

1.水泥搅拌桩分为深层搅拌法(简称湿法)和粉体喷搅法(简称干法),空搅部分按相应项目的人工及搅拌机械乘以系数0.50。

2.水泥搅拌桩中深层搅拌法的单(双)头搅拌桩、三轴水泥搅拌桩定额按二搅二喷施工工艺考虑,设计不同时,每增(减)一搅一喷按相应项目的人工、机械乘以系数0.40进行增(减)。

3.单、双头深层搅拌桩和三轴搅拌桩水泥掺量分别按加固土重(1800kg/$m^3$)的13%和15%考虑,当设计与定额取定不同时,执行相应项目。

4.三轴水泥搅拌桩土方置换外运量由各地区、部门自行制定调整办法。

五、石灰桩按桩径500mm编制,设计桩径每增加50mm,人工、机械乘以系数1.05。石灰用量不同时,可以调整。

六、注浆桩。

高压旋喷桩项目已综合接头处的复喷工料;高压喷射注浆桩的水泥设计用量与定额不同时,应予以调整。

七、注浆地基所用的浆体材料用量应按照设计含量调整。

八、注浆项目中注浆管消耗量为摊销量,若为一次性使用,可进行调整。废浆处理及外运执行本定额"第一章 土石方工程"相应项目。

九、基坑及边坡支护等项目适用于黏土、砂土及冲填土等软土层土质情况。

十、打拔工具桩均按陆上打拔编制,遇水上打拔时,套用《市政工程消耗量定额》相关项目。

十一、打拔工具桩均以直桩为准,如遇打斜桩(斜度≤1:6,包括俯打、仰打),按相应项目人工、机械乘以系数1.35。定额内未包括型钢桩、钢板桩的制作、除锈、刷油。

十二、桩间补桩或在地槽(坑)中及强夯后的地基上打桩时,相应项目的人工、机械乘以系数1.15。

十三、砂浆土钉定额钢筋按$\phi$10mm以外编制,材料品种、规格不同时允许换算。

# 工程量计算规则

一、填料加固,按设计图示尺寸以体积计算。

二、振冲碎石桩按设计图示尺寸以体积计算。

三、振动砂石桩按设计桩截面乘以桩长(包括桩尖)以体积计算。

四、水泥粉煤灰碎石桩按设计桩长(包括桩尖)乘以设计桩外径截面积,以体积计算。取土外运按成孔体积计算。

五、钻孔压浆碎石桩、灰土桩按设计桩长(包括桩尖)乘以设计桩外径截面积,以体积计算。

六、水泥搅拌桩(含深层水泥搅拌法和粉体喷搅法)工程量按桩长乘以桩径截面积以体积计算,桩长按设计桩顶标高至桩底长度另增加500mm;若设计桩顶标高已达打桩前的自然地坪标高小于0.5m或已达打桩前的自然地坪标高时,另增加长度应按实际长度计算或不计。

七、石灰桩按设计桩长(包括桩尖)以长度计算。

八、高压旋喷桩工程量,钻孔按原地面至设计桩底的距离以长度计算,喷浆按设计加固桩截面面积乘以设计桩长以体积计算。

九、压密注浆钻孔数量按设计图示以钻孔深度计算。注浆数量按下列规定计算:

1.设计图纸明确加固土体体积的,按设计图纸注明的体积计算。

2.设计图纸以布点形式图示土体加固范围的,则按两孔间距的一半作为扩散半径,以布点边线各加扩散半径,形成计算平面,计算注浆体积。

3.如果设计图纸注浆点在钻孔灌注桩之间,按两注浆孔的一半作为每孔的扩散半径,依此圆柱体积计算注浆体积。

十、分层注浆钻孔数量按设计图示以钻孔深度计算。注浆数量按设计图纸注明加固土体的体积计算。

十一、凿桩头按凿桩长度乘桩断面以体积计算。

十二、咬合灌注桩按设计图示单桩尺寸以"$m^3$"为单位计算。

十三、水泥土搅拌墙按设计截面面积乘以设计长度以"$m^3$"为单位计算,搅拌桩成孔中重复套钻工程量已在项目考虑,不另行计算。

十四、打拔钢板桩(大型基坑支撑安拆)按设计图纸数量或施工组织设计数量以质量计算。钢板桩(大型基坑支撑)使用费另计,其标准由各地区、部门自行制定办法。

十五、锚杆和锚索的钻孔、压浆按设计图示长度以"m"为单位计算,制作、安装按照设计图示主材(钢筋或钢绞线)重量以"t"为单位计算,不包括附件重量;

十六、砂浆土钉、钢管护坡土钉按照设计图示长度以"m"为单位计算;

十七、喷射混凝土按设计图示尺寸以"$m^2$"为单位计算,挂网按设计用钢量计算。

## 1. 地基处理

**工作内容:**摊铺、(灌浆)、夯实。　　　　计量单位:$10m^3$

| 定额编号 | | | | 1-2-1 | 1-2-2 | 1-2-3 |
|---|---|---|---|---|---|---|
| 项目 | | | | 填料加固 | | |
| | | | | 毛石灌浆 | 碎石灌浆 | 碎石干铺 |
| 名称 | | | 单位 | 消耗量 | | |
| 人工 | 合计工日 | | 工日 | 9.4140 | 7.6480 | 7.4570 |
| | 其中 | 普工 | 工日 | 5.6480 | 4.5890 | 4.4740 |
| | | 一般技工 | 工日 | 3.7660 | 3.0590 | 2.9830 |
| 材料 | 毛石(综合) | | $m^3$ | 12.240 | — | — |
| | 水 | | $m^3$ | 1.606 | 1.639 | — |
| | 碎石 40 | | $m^3$ | — | 11.120 | 13.260 |
| | 预拌混合砂浆 M5.0 | | $m^3$ | 2.690 | 2.835 | — |
| | 其他材料费 | | % | 2.000 | 2.000 | 2.000 |
| 机械 | 电动夯实机 250N·m | | 台班 | 0.439 | 0.233 | 1.120 |
| | 干混砂浆罐式搅拌机 20000L | | 台班 | 0.098 | 0.103 | — |

**工作内容:**清底、浇筑、捣固(夯实)抹平、材料场内运输。　　　　**计量单位:**$10m^3$

| 定额编号 | | | | 1-2-4 | 1-2-5 | 1-2-6 |
|---|---|---|---|---|---|---|
| 项目 | | | | 填料加固 | | |
| | | | | 混凝土 | 炉渣 | 砂砾石 |
| 名称 | | | 单位 | 消耗量 | | |
| 人工 | 合计工日 | | 工日 | 3.5000 | 5.0650 | 6.5330 |
| | 其中 | 普工 | 工日 | 2.1000 | 3.0390 | 3.9200 |
| | | 一般技工 | 工日 | 1.4000 | 2.0260 | 2.6130 |
| 材料 | 电 | | kW·h | 7.642 | — | — |
| | 焦渣 | | $m^3$ | — | 16.320 | — |
| | 砾石 40 | | $m^3$ | — | — | 10.210 |
| | 砂子(中砂) | | $m^3$ | — | — | 4.292 |
| | 水 | | $m^3$ | 3.119 | — | — |
| | 预拌混凝土 C10 | | $m^3$ | 10.100 | — | — |
| | 其他材料费 | | % | 1.500 | 1.500 | 2.000 |
| 机械 | 电动夯实机 250N·m | | 台班 | — | 0.717 | 0.995 |

**工作内容:**清底、浇筑、捣固(夯实)抹平、材料场内运输。 **计量单位:**10m³

| 定额编号 | | | | 1-2-7 | 1-2-8 | 1-2-9 | 1-2-10 |
|---|---|---|---|---|---|---|---|
| 项目 | | | | 填料加固 | | | |
| | | | | 砂 | 砾石 | 夯填灰土 | |
| | | | | | | 2:8 | 3:7 |
| 名称 | | | 单位 | 消耗量 | | | |
| 人工 | 合计工日 | | 工日 | 4.9290 | 6.7280 | 15.1450 | 15.9500 |
| | 其中 | 普工 | 工日 | 2.9580 | 4.0370 | 9.0870 | 9.5700 |
| | | 一般技工 | 工日 | 1.9720 | 2.6910 | 6.0580 | 6.3800 |
| 材料 | 黄土 | | m³ | — | — | 12.361 | 10.848 |
| | 砾石 40 | | m³ | — | 13.260 | — | — |
| | 砂子(中砂) | | m³ | 12.640 | — | — | — |
| | 生石灰 | | t | — | — | 1.683 | 2.530 |
| | 水 | | m³ | — | — | 2.100 | 2.100 |
| | 其他材料费 | | % | 2.000 | 1.500 | 1.500 | 1.500 |
| 机械 | 电动夯实机 250N·m | | 台班 | 0.717 | 0.996 | 2.455 | 2.527 |

**工作内容:**振冲碎石桩:安、拆振冲器,振冲、填碎石,疏导泥浆。
振动砂石桩:准备打桩工具、安装拆卸桩架、移动打桩机及轨道、用钢管打桩孔、灌注砂石混合料、拔钢管、夯实,整平隆起土壤、按施工图放线定位,埋桩尖。 **计量单位:**10m³

| 定额编号 | | | | 1-2-11 | 1-2-12 | 1-2-13 |
|---|---|---|---|---|---|---|
| 项目 | | | | 填料桩 | | |
| | | | | 振冲碎石桩 | 振动砂石桩 | |
| | | | | | 桩径(mm 以内) | |
| | | | | | $\phi$500 | $\phi$600 |
| 名称 | | | 单位 | 消耗量 | | |
| 人工 | 合计工日 | | 工日 | 4.3400 | 11.5180 | 13.8200 |
| | 其中 | 普工 | 工日 | 2.7340 | 7.2560 | 8.7070 |
| | | 一般技工 | 工日 | 1.6060 | 4.2620 | 5.1130 |
| 材料 | 钢管 | | kg | — | 23.407 | 35.077 |
| | 砂子(中粗砂) | | m³ | — | 2.330 | 2.330 |
| | 碎石 25~40 | | m³ | — | 12.910 | 12.910 |
| | 碎石 50~80 | | m³ | 19.715 | — | — |
| | 其他材料费 | | % | 1.500 | 1.500 | 1.500 |
| 机械 | 55kW 以内振冲器 | | 台班 | 0.608 | — | — |
| | 电动单级离心清水泵 150mm | | 台班 | 0.474 | — | — |
| | 机动翻斗车 1t | | 台班 | — | 0.734 | 0.742 |
| | 履带式起重机 15t | | 台班 | 0.474 | — | — |
| | 振动沉拔桩机 300kN | | 台班 | — | 0.726 | — |
| | 振动沉拔桩机 400kN | | 台班 | — | — | 0.734 |

注:(振动砂石桩):1. 砂、石桩充盈系数为 1.3,损耗为 2%。设计砂石配合比及充盈系数不同时可以调整。
2. 设计要求夯扩桩夯出桩端扩大头时,费用另计。

**工作内容**：钻孔就位、钻孔取土、土方现场转运、安拆输送管，混合料配、拌、运输、灌注等。

计量单位：10m

| 定额编号 | | | | 1-2-14 | 1-2-15 | 1-2-16 | 1-2-17 |
|---|---|---|---|---|---|---|---|
| 项目 | | | | 填料桩 | | | |
| | | | | 水泥粉煤灰碎石桩(CFG) | | | |
| | | | | 桩径(mm 以内) | | | |
| | | | | φ300 | φ400 | φ450 | φ500 |
| 名称 | | | 单位 | 消耗量 | | | |
| 人工 | 合计工日 | | 工日 | 1.2000 | 2.1030 | 2.6220 | 3.1890 |
| | 其中 | 普工 | 工日 | 0.7560 | 1.3250 | 1.6520 | 2.0090 |
| | | 一般技工 | 工日 | 0.4440 | 0.7780 | 0.9700 | 1.1800 |
| 材料 | 输送管 | | kg | 0.269 | 0.478 | 0.604 | 0.746 |
| | 水泥粉煤灰碎石 | | $m^3$ | 0.861 | 1.531 | 1.937 | 2.391 |
| | 铁件(综合) | | kg | 0.308 | 0.308 | 0.308 | 0.308 |
| | 其他材料费 | | % | 1.500 | 1.500 | 1.500 | 1.500 |
| 机械 | 机动翻斗车 1t | | 台班 | 0.088 | 0.155 | 0.196 | 0.243 |
| | 履带式起重机 5t | | 台班 | 0.064 | 0.113 | 0.143 | 0.177 |
| | 螺旋钻机 400mm | | 台班 | 0.176 | 0.298 | — | — |
| | 螺旋钻机 600mm | | 台班 | — | — | 0.301 | 0.354 |

**工作内容**：钻孔就位、钻孔取土、土方现场转运、安拆输送管，混合料配、拌、运输、灌注等。

计量单位：10m

| 定额编号 | | | | 1-2-18 | 1-2-19 | 1-2-20 |
|---|---|---|---|---|---|---|
| 项目 | | | | 填料桩 | | |
| | | | | 水泥粉煤灰碎石桩(CFG) | | |
| | | | | 桩径(mm 以内) | | |
| | | | | φ600 | φ700 | φ800 |
| 名称 | | | 单位 | 消耗量 | | |
| 人工 | 合计工日 | | 工日 | 4.5660 | 5.9730 | 7.5610 |
| | 其中 | 普工 | 工日 | 2.8770 | 3.7630 | 4.7630 |
| | | 一般技工 | 工日 | 1.6890 | 2.2100 | 2.7980 |
| 材料 | 输送管 | | kg | 1.074 | 1.462 | 1.910 |
| | 水泥粉煤灰碎石 | | $m^3$ | 3.443 | 4.687 | 6.123 |
| | 铁件(综合) | | kg | 0.308 | 0.308 | 0.308 |
| | 其他材料费 | | % | 1.500 | 1.500 | 1.500 |
| 机械 | 机动翻斗车 1t | | 台班 | 0.349 | 0.476 | 0.622 |
| | 履带式起重机 5t | | 台班 | 0.255 | 0.347 | 0.454 |
| | 螺旋钻机 600mm | | 台班 | 0.485 | — | — |
| | 螺旋钻机 800mm | | 台班 | — | 0.457 | 0.543 |

**工作内容**：钻孔压浆碎石桩：1.准备机具，移动桩机，成孔灌注碎石，振实。2.准备机具，移动桩机，成孔灌注碎石，振实，压浆。
灰土挤密桩：准备机具，移动桩机，打钢管成孔，灰土过筛拌和、灌注灰土，振实，拔钢管。

计量单位：$10m^3$

| 定额编号 | | | | 1-2-21 | 1-2-22 | 1-2-23 |
|---|---|---|---|---|---|---|
| 项目 | | | | 填料桩 | | |
| | | | | 钻孔压浆碎石桩 | 灰土挤密桩 | |
| | | | | | 桩长≤6m | 桩长>6m |
| 名称 | | | 单位 | 消耗量 | | |
| 人工 | 合计工日 | | 工日 | 11.0470 | 9.5410 | 6.2580 |
| | 其中 | 普工 | 工日 | 3.3140 | 2.8620 | 1.8770 |
| | | 一般技工 | 工日 | 6.6280 | 5.7250 | 3.7550 |
| | | 高级技工 | 工日 | 1.1050 | 0.9540 | 0.6260 |
| 材料 | 垫木 | | $m^3$ | — | 0.074 | 0.074 |
| | 灰土 3:7 | | $m^3$ | — | 11.220 | 11.220 |
| | 金属材料（摊销） | | kg | 6.355 | 4.131 | 4.131 |
| | 水 | | $m^3$ | 27.400 | 2.200 | 2.200 |
| | 水泥 P.O 42.5 | | t | 4.908 | — | — |
| | 塑料薄膜 | | $m^2$ | 18.500 | — | — |
| | 塑料管（综合） | | kg | 12.720 | — | — |
| | 碎石 20~40 | | $m^3$ | 13.260 | — | — |
| 机械 | 步履式电动打桩机 60kW | | 台班 | 0.413 | — | — |
| | 灰浆搅拌机 200L | | 台班 | 0.826 | — | — |
| | 履带式柴油打桩机 2.5t | | 台班 | — | 0.894 | 0.666 |
| | 轮胎式装载机 $1m^3$ | | 台班 | 0.413 | — | — |
| | 注浆机 | | 台班 | 0.826 | — | — |

**工作内容：**机具就位、预搅下沉、拌制水泥浆或筛水泥粉、喷水泥浆(粉)并搅拌提升，重复上、下搅拌，移位。

计量单位：$10m^3$

| 定额编号 | | | | 1-2-24 | 1-2-25 | 1-2-26 | 1-2-27 | 1-2-28 |
|---|---|---|---|---|---|---|---|---|
| 项目 | | | | 水泥搅拌桩 | | | | |
| | | | | 深层搅拌法 | | | 粉体喷搅法 | 水泥掺量 |
| | | | | 单头 | 双头 | 三轴 | 单头 | (每增减1%) |
| 名称 | | | 单位 | 消耗量 | | | | |
| 人工 | 合计工日 | | 工日 | 4.4860 | 2.3860 | 2.3580 | 4.4860 | — |
| | 其中 | 普工 | 工日 | 2.8260 | 1.5030 | 1.4860 | 2.8260 | — |
| | | 一般技工 | 工日 | 1.6600 | 0.883 | 0.8720 | 1.6600 | — |
| 材料 | 钢筋 $\phi$10 以内 | | kg | — | — | 4.117 | — | — |
| | 硅酸钠(水玻璃) | | kg | 47.300 | 47.300 | — | 47.300 | 3.640 |
| | 木质素磺酸钙 | | kg | 4.730 | 4.730 | — | 4.730 | 0.360 |
| | 石膏粉 | | kg | 47.300 | 47.300 | — | 47.300 | 3.640 |
| | 水 | | $m^3$ | 3.048 | 3.048 | 3.524 | 3.048 | 0.762 |
| | 水泥 P.O 42.5 | | t | 2.387 | 2.387 | 2.754 | 2.387 | 0.184 |
| | 其他材料费 | | % | 1.500 | 1.500 | 1.500 | — | 1.500 |
| 机械 | 电动空气压缩机 $10m^3/min$ | | 台班 | — | — | 0.186 | — | — |
| | 电动空气压缩机 $3m^3/min$ | | 台班 | — | — | — | 0.421 | — |
| | 粉喷桩机 | | 台班 | — | — | — | 0.417 | — |
| | 灰浆搅拌机 200L | | 台班 | 0.417 | 0.444 | 0.186 | — | — |
| | 挤压式灰浆输送泵 $3m^3/h$ | | 台班 | 0.168 | 0.221 | 0.186 | — | — |
| | 内燃单级离心清水泵 50mm | | 台班 | — | 0.221 | — | — | — |
| | 喷浆钻机 | | 台班 | 0.417 | — | — | — | — |
| | 偏心式振动筛 $16m^3/h$ | | 台班 | — | — | — | 0.115 | — |
| | 三轴搅拌桩机 850mm | | 台班 | — | — | 0.186 | — | — |
| | 双头搅拌桩机 | | 台班 | — | 0.222 | — | — | — |

**工作内容：**清理场地、钻机安拆、钻进搅拌、提钻并喷粉搅拌、移位、机具清洗及操作范围内机具搬运。

计量单位：10m

| 定额编号 | | | | 1-2-29 | 1-2-30 |
|---|---|---|---|---|---|
| 项目 | | | | 石灰桩 | |
| | | | | 粉体喷射石灰搅拌桩(mm) | |
| | | | | $\phi$500 | |
| | | | | 桩长(m 以内) | |
| | | | | 10 | 20 |
| 名称 | | | 单位 | 消耗量 | |
| 人工 | 合计工日 | | 工日 | 1.1000 | 1.2000 |
| | 其中 | 普工 | 工日 | 0.6930 | 0.7560 |
| | | 一般技工 | 工日 | 0.4070 | 0.4440 |
| 材料 | 生石灰 | | t | 1.238 | 1.238 |
| | 其他材料费 | | % | 1.500 | 1.500 |
| 机械 | 15m 以内深层喷射搅拌机 | | 台班 | 0.125 | — |
| | 25m 以内深层喷射搅拌机 | | 台班 | — | 0.136 |
| | 电动空气压缩机 $3m^3/min$ | | 台班 | 0.125 | 0.136 |
| | 粉体输送设备 | | 台班 | 0.125 | 0.136 |

**工作内容：**清现场地、钻机就位、钻孔、移位；调制水泥浆、插入旋喷管、分层旋喷水泥浆、移位、机具清洗及操作范围内机具搬运。

| 定额编号 | | | 1-2-31 | 1-2-32 | 1-2-33 | 1-2-34 |
|---|---|---|---|---|---|---|
| 项目 | | | 高压水泥旋喷桩 | | | |
| | | | 钻孔 | 喷浆 | | |
| | | | | 单重管法 | 双重管法 | 三重管法 |
| | | | 10m | $10m^3$ | $10m^3$ | $10m^3$ |
| 名称 | | 单位 | 消耗量 | | | |
| 人工 | 合计工日 | 工日 | 1.1450 | 7.9230 | 8.4950 | 9.1640 |
| | 其中 普工 | 工日 | 0.7210 | 4.9910 | 5.3520 | 5.7730 |
| | 其中 一般技工 | 工日 | 0.4240 | 2.9320 | 3.1430 | 3.3910 |
| 材料 | 硅酸钠(水玻璃) | kg | — | 94.000 | 87.100 | 77.500 |
| | 氯化钙 | kg | — | 94.000 | 87.100 | 77.500 |
| | 三乙醇胺 | kg | — | 1.420 | 1.310 | 1.160 |
| | 水 | $m^3$ | 1.133 | 14.100 | 62.857 | 63.810 |
| | 水泥 P.O 42.5 | t | — | 4.748 | 4.398 | 3.914 |
| | 黏土 | $m^3$ | 0.200 | — | — | — |
| | 其他材料费 | % | 1.500 | 1.500 | 1.500 | 1.500 |
| 机械 | 单重管旋喷机 | 台班 | — | 0.435 | — | — |
| | 电动单级离心清水泵 100mm | 台班 | — | 0.434 | 0.549 | — |
| | 电动单级离心清水泵 150mm | 台班 | — | — | — | 0.708 |
| | 电动空气压缩机 $6m^3/min$ | 台班 | — | 0.439 | 0.556 | 0.717 |
| | 高压注浆泵 | 台班 | — | 0.434 | 0.549 | — |
| | 工程地质液压钻机 | 台班 | 0.266 | — | — | — |
| | 灰浆搅拌机 200L | 台班 | — | 0.435 | 0.550 | — |
| | 灰浆搅拌机 400L | 台班 | — | — | — | 0.710 |
| | 交流弧焊机 32kV·A | 台班 | — | — | — | 0.630 |
| | 泥浆拌合机 100~150L | 台班 | 0.133 | — | — | — |
| | 泥浆泵 100mm | 台班 | 0.266 | — | — | 0.708 |
| | 泥浆泵 50mm | 台班 | — | 0.434 | 0.549 | — |
| | 三重管旋喷机 | 台班 | — | — | — | 0.710 |
| | 双重管旋喷机 | 台班 | — | — | 0.550 | — |
| | 污水泵 100mm | 台班 | — | — | — | 0.708 |

**工作内容**：压密注浆：1. 定位、钻孔。

2. 注护壁泥浆，配置浆液、插入注浆管，压密注浆，检测注浆效果。

分层注浆：1. 定位、钻孔、注护壁泥浆、配置浆液、插入注浆芯管。

2. 分层劈裂注浆，检测注浆效果。

| 定额编号 | | | | 1-2-35 | 1-2-36 | 1-2-37 | 1-2-38 |
|---|---|---|---|---|---|---|---|
| 项目 | | | | 压密注浆 | | 分层注浆 | |
| | | | | 钻孔 | 注浆 | 钻孔 | 注浆 |
| | | | | 100m | 10m³ | 100m | 10m³ |
| 名称 | | | 单位 | 消耗量 | | | |
| 人工 | 合计工日 | | 工日 | 21.3890 | 2.4110 | 8.0850 | 2.5730 |
| | 其中 | 普工 | 工日 | 6.4170 | 0.7230 | 2.4250 | 0.7720 |
| | | 一般技工 | 工日 | 12.8330 | 1.4470 | 4.8510 | 1.5440 |
| | | 高级技工 | 工日 | 2.1390 | 0.2410 | 0.8090 | 0.2570 |
| 材料 | 促进剂 KA | | kg | — | — | — | 103.000 |
| | 粉煤灰 | | t | — | 0.700 | — | 0.803 |
| | 硅酸钠（水玻璃） | | kg | — | 8.000 | — | 56.700 |
| | 膨润土 | | kg | — | — | 1123.200 | — |
| | 水 | | m³ | — | — | 12.000 | — |
| | 水泥 P.O 32.5 | | t | — | 0.796 | — | — |
| | 水泥 P.O 42.5 | | t | — | — | — | 1.091 |
| | 塑料注浆阀管 | | m | — | — | 100.000 | — |
| | 注浆管 | | kg | 80.000 | — | — | — |
| 机械 | 电动灌浆机 | | 台班 | — | 0.360 | — | 0.400 |
| | 工程地质液压钻机 | | 台班 | — | — | 2.400 | — |
| | 灰浆搅拌机 200L | | 台班 | — | 0.360 | — | — |
| | 泥浆泵 50mm | | 台班 | — | — | 2.400 | — |

**工作内容**：凿除桩头混凝土。　　**计量单位**：10m³

| 定额编号 | | | | 1-2-39 |
|---|---|---|---|---|
| 项目 | | | | 凿桩头 |
| 名称 | | | 单位 | 消耗量 |
| 人工 | 合计工日 | | 工日 | 9.3570 |
| | 其中 | 普工 | 工日 | 2.8070 |
| | | 一般技工 | 工日 | 5.6140 |
| | | 高级技工 | 工日 | 0.9360 |
| 机械 | 电动空气压缩机 1m³/min | | 台班 | 2.180 |
| | 手持式风动凿岩机 | | 台班 | 2.180 |

## 2. 基坑及边坡支护

**工作内容**：桩机移位、成孔、固壁、混凝土灌注、养护、套管压拔等。 **计量单位**：$10m^3$

| 定额编号 | | | | 1-2-40 | 1-2-41 |
|---|---|---|---|---|---|
| 项目 | | | | 咬合灌注桩 | |
| | | | | 成孔 | 灌注混凝土 |
| 名称 | | | 单位 | 消耗量 | |
| 人工 | 合计工日 | | 工日 | 7.1230 | 4.6150 |
| | 其中 | 普工 | 工日 | 2.1370 | 1.3850 |
| | | 一般技工 | 工日 | 3.9170 | 2.5380 |
| | | 高级技工 | 工日 | 1.0680 | 0.6920 |
| 材料 | 导管 | | kg | — | 3.800 |
| | 六角螺栓 | | kg | — | 0.410 |
| | 铁件(综合) | | kg | 10.500 | — |
| | 预拌水下混凝土 C20 | | $m^3$ | — | 10.747 |
| | 枕木 | | $m^3$ | 0.040 | — |
| | 其他材料费 | | % | — | 1.000 |
| 机械 | 电动多级离心清水泵 100mm、120m 以下 | | 台班 | 0.984 | — |
| | 履带式起重机 15t | | 台班 | — | 0.511 |
| | 钻孔咬合桩机 | | 台班 | 1.070 | 0.511 |

**工作内容**：钻机移位、钻进、浆液制作、运输、压浆、搅拌、成桩、型钢插拔等。

| 定额编号 | | | | 1-2-42 | 1-2-43 | 1-2-44 | 1-2-45 |
|---|---|---|---|---|---|---|---|
| 项目 | | | | 型钢水泥土搅拌墙 | | | |
| | | | | 三轴水泥土搅拌墙 | 五轴水泥土搅拌墙 | 水泥掺量每增减 1% | 插拔型钢 |
| | | | | 水泥掺量 20% | | | |
| | | | | $10m^3$ | $10m^3$ | $10m^3$ | t |
| 名称 | | | 单位 | 消耗量 | | | |
| 人工 | 合计工日 | | 工日 | 1.8420 | 2.1500 | — | 1.1900 |
| | 其中 | 普工 | 工日 | 0.5530 | 0.6450 | — | 0.3570 |
| | | 一般技工 | 工日 | 1.0130 | 1.1830 | — | 0.6550 |
| | | 高级技工 | 工日 | 0.2760 | 0.3230 | — | 0.1790 |
| 材料 | 低合金钢焊条 E43 系列 | | kg | — | — | — | 5.165 |
| | 水 | | $m^3$ | 10.000 | 10.000 | 0.830 | — |
| | 水泥 P.O 42.5 | | t | 3.672 | 3.672 | 0.183 | — |
| | 型钢(综合) | | t | — | — | — | 0.250 |
| | 氧气 | | $m^3$ | — | — | — | 2.582 |
| | 乙炔气 | | $m^3$ | — | — | — | 1.937 |
| | 枕木 | | $m^3$ | 0.005 | 0.005 | — | 0.002 |
| 机械 | 电动空气压缩机 $10m^3/min$ | | 台班 | 0.129 | — | — | — |
| | 电焊条烘干箱 45×35×45(cm) | | 台班 | — | — | — | 0.007 |
| | 灰浆搅拌机 200L | | 台班 | 0.129 | — | — | — |
| | 挤压式灰浆输送泵 $3m^3/h$ | | 台班 | 0.129 | — | — | — |
| | 交流弧焊机 32kV·A | | 台班 | — | — | — | 0.068 |
| | 立式油压千斤顶 200t | | 台班 | — | — | — | 0.113 |
| | 履带式起重机 40t | | 台班 | — | — | — | 0.106 |
| | 全自动灰浆搅拌系统 | | 台班 | — | 0.101 | — | — |
| | 三轴搅拌桩机 850mm | | 台班 | 0.129 | — | — | — |
| | 五轴搅拌桩机 | | 台班 | — | 0.101 | — | — |
| | 液压机 2000kN | | 台班 | — | — | — | 0.057 |

**工作内容：**打桩、桩架调面、移动、打拔缆风桩、拔桩、灌砂、埋拆地垄、清场、整堆。　　**计量单位：**10t

| 定额编号 | | | | 1-2-46 | 1-2-47 | 1-2-48 | 1-2-49 |
|---|---|---|---|---|---|---|---|
| 项目 | | | | 简易桩架打拔槽型钢板桩 | | | |
| | | | | 打 8m 以内 | | 打 12m 以内 | |
| | | | | 一、二类土 | 三类土 | 一、二类土 | 三类土 |
| 名称 | | | 单位 | 消耗量 | | | |
| 人工 | 合计工日 | | 工日 | 16.2000 | 20.6100 | 14.5440 | 18.3510 |
| | 其中 | 普工 | 工日 | 6.9430 | 8.8330 | 6.2340 | 7.8650 |
| | | 一般技工 | 工日 | 9.2570 | 11.7770 | 8.3100 | 10.4860 |
| 材料 | 钢板桩 | | t | (10.000) | (10.000) | (10.000) | (10.000) |
| | 板枋材 | | $m^3$ | 0.051 | 0.051 | 0.031 | 0.031 |
| | 钢板桩 | | kg | 100.000 | 100.000 | 100.000 | 100.000 |
| | 其他材料费 | | % | 1.440 | 1.430 | 1.430 | 1.430 |
| 机械 | 简易打桩架 | | 台班 | 1.384 | 1.925 | 1.189 | 1.659 |

**工作内容：**打桩、桩架调面、移动、打拔缆风桩、拔桩、灌砂、埋拆地垄、清场、整堆。　　**计量单位：**10t

| 定额编号 | | | | 1-2-50 | 1-2-51 | 1-2-52 | 1-2-53 |
|---|---|---|---|---|---|---|---|
| 项目 | | | | 简易桩架打拔槽型钢板桩 | | | |
| | | | | 拔 8m 以内 | | 拔 12m 以内 | |
| | | | | 一、二类土 | 三类土 | 一、二类土 | 三类土 |
| 名称 | | | 单位 | 消耗量 | | | |
| 人工 | 合计工日 | | 工日 | 17.4510 | 22.5270 | 15.1470 | 19.3410 |
| | 其中 | 普工 | 工日 | 7.4790 | 9.6550 | 6.4920 | 8.2900 |
| | | 一般技工 | 工日 | 9.9720 | 12.8720 | 8.6550 | 11.0510 |
| 材料 | 板枋材 | | $m^3$ | 0.052 | 0.052 | 0.031 | 0.031 |
| | 砂子(中砂) | | t | 2.708 | 2.708 | 2.708 | 2.708 |
| | 其他材料费 | | % | 0.800 | 0.800 | 0.770 | 0.770 |
| 机械 | 简易拔桩架 | | 台班 | 1.020 | 1.455 | 0.825 | 1.189 |

**工作内容**:打桩、桩架调面、移动、打拔缆风桩、埋拆地垄、清场、整堆。 **计量单位**:10t

| 定额编号 | | | | 1-2-54 | 1-2-55 | 1-2-56 | 1-2-57 |
|---|---|---|---|---|---|---|---|
| 项目 | | | | 柴油打桩机打槽型钢板桩 | | | |
| | | | | 打8m以内 | | 打12m以内 | |
| | | | | 一、二类土 | 三类土 | 一、二类土 | 三类土 |
| 名称 | | | 单位 | 消耗量 | | | |
| 人工 | 合计工日 | | 工日 | 17.3790 | 19.0530 | 14.1390 | 18.4680 |
| | 其中 | 普工 | 工日 | 5.2140 | 5.7160 | 4.2420 | 5.5400 |
| | | 一般技工 | 工日 | 12.1650 | 13.3370 | 9.8970 | 12.9280 |
| 材料 | 钢板桩 | | t | (10.000) | (10.000) | (10.000) | (10.000) |
| | 板枋材 | | $m^3$ | 0.004 | 0.004 | 0.002 | 0.002 |
| | 钢板桩 | | kg | 100.000 | 100.000 | 100.000 | 100.000 |
| | 其他材料费 | | % | 3.010 | 2.010 | 2.020 | 2.020 |
| 机械 | 轨道式柴油打桩机 0.8t | | 台班 | 0.878 | 1.233 | 0.807 | 1.136 |

**工作内容**:安装:1.吊车配合、围檩、支撑驳运卸车;2.定位放样;3.槽壁面凿出预埋件;

4.钢牛腿焊接;5.支撑拼接、焊接安全栏杆、安装定位;6.活络接头固定。

拆除:1.切割、吊出支撑分段;2.装车及堆放。 **计量单位**:t

| 定额编号 | | | | 1-2-58 | 1-2-59 | 1-2-60 | 1-2-61 |
|---|---|---|---|---|---|---|---|
| 项目 | | | | 大型支撑安装 | 大型支撑拆除 | 大型支撑安装 | 大型支撑拆除 |
| | | | | 宽15m以内 | | 宽15m以外 | |
| 名称 | | | 单位 | 消耗量 | | | |
| 人工 | 合计工日 | | 工日 | 1.7850 | 2.4400 | 1.6910 | 2.0570 |
| | 其中 | 普工 | 工日 | 1.1600 | 1.5860 | 1.0990 | 1.3370 |
| | | 一般技工 | 工日 | 0.4460 | 0.6100 | 0.4230 | 0.5140 |
| | | 高级技工 | 工日 | 0.1790 | 0.2440 | 0.1690 | 0.2060 |
| 材料 | 钢支撑 | | t | (1.000) | — | (1.000) | — |
| | 低合金钢焊条 E43 系列 | | kg | 1.090 | — | 0.660 | — |
| | 钢围檩 | | kg | 5.250 | — | 3.180 | — |
| | 钢支撑 | | kg | 10.000 | — | 10.000 | — |
| | 六角螺栓带螺母 M12×200 | | kg | 2.550 | — | 2.140 | — |
| | 预埋铁件 | | kg | 11.620 | — | 7.000 | — |
| | 枕木 | | $m^3$ | 0.030 | — | 0.020 | — |
| | 中厚钢板(综合) | | kg | 7.890 | — | 4.750 | — |
| | 其他材料费 | | % | 2.550 | — | 2.140 | — |
| 机械 | 电动空气压缩机 $10m^3/min$ | | 台班 | 0.030 | 0.030 | 0.170 | 0.020 |
| | 交流弧焊机 32kV·A | | 台班 | 0.172 | 0.064 | 0.100 | 0.036 |
| | 立式油压千斤顶 100t | | 台班 | 0.138 | 0.129 | 0.138 | 0.129 |
| | 履带式起重机 25t | | 台班 | 0.186 | 0.177 | — | — |
| | 履带式起重机 40t | | 台班 | — | — | 0.210 | 0.200 |
| | 载重汽车 4t | | 台班 | 0.045 | 0.045 | 0.045 | 0.045 |

**工作内容**：搭拆操作平台、坡面清理、定位、锚杆（索）钻孔压浆；锚杆（索）制作、安装、锚索张拉锚固；锚墩、承压板制作、安装、防锈处理等。

| 定额编号 | | | | 1-2-62 | 1-2-63 |
|---|---|---|---|---|---|
| 项目 | | | | 锚杆 | |
| | | | | 钻孔、压浆 | 制作、安装 |
| | | | | 10m | t |
| 名称 | | | 单位 | 消耗量 | |
| 人工 | 合计工日 | | 工日 | 3.6670 | 24.1590 |
| | 其中 | 普工 | 工日 | 1.1000 | 7.2480 |
| | | 一般技工 | 工日 | 2.0170 | 13.2870 |
| | | 高级技工 | 工日 | 0.5500 | 3.6240 |
| 材料 | 低合金钢焊条 E43 系列 | | kg | — | 2.930 |
| | 垫圈（综合） | | kg | — | 33.460 |
| | 钢板（综合） | | kg | — | 38.570 |
| | 钢筋 $\phi$10 以外 | | kg | — | 1091.000 |
| | 合金刀片 | | kg | 0.500 | — |
| | 扩孔钻头 | | 个 | 0.020 | — |
| | 水 | | $m^3$ | 0.352 | — |
| | 速凝剂 | | kg | 1.000 | — |
| | 预拌混凝土 C30 | | $m^3$ | — | 0.179 |
| | 预拌砂浆（干拌） | | $m^3$ | 0.130 | — |
| | 圆木桩 | | $m^3$ | 0.010 | — |
| | 其他材料费 | | % | 2.500 | 0.500 |
| 机械 | 电动单筒慢速卷扬机 10kN | | 台班 | — | 0.138 |
| | 电动空气压缩机 10m³/min | | 台班 | 0.181 | — |
| | 电动修钎机 | | 台班 | 0.164 | — |
| | 电焊条烘干箱 45×35×45(cm) | | 台班 | — | 0.032 |
| | 干混砂浆罐式搅拌机 | | 台班 | 0.005 | — |
| | 钢筋切断机 40mm | | 台班 | — | 0.132 |
| | 钢筋弯曲机 40mm | | 台班 | — | 0.179 |
| | 工程地质液压钻机 | | 台班 | 0.784 | — |
| | 交流弧焊机 32kV·A | | 台班 | — | 0.318 |
| | 气动灌浆机 | | 台班 | 0.146 | — |
| | 汽车式起重机 8t | | 台班 | — | 0.037 |

**工作内容：**搭拆操作平台、坡面清理、定位、锚杆(索)钻孔压浆；锚杆(索)制作、安装、锚索张拉锚固；锚墩、承压板制作、安装、防锈处理等。

| 定额编号 | | | | 1-2-64 | 1-2-65 | 1-2-66 |
|---|---|---|---|---|---|---|
| 项目 | | | | 锚索 | | |
| | | | | 钻孔、压浆 | 制作、安装 | 锚墩、承压板制作、安装 |
| | | | | 10m | t | 10个 |
| 名称 | | | 单位 | 消耗量 | | |
| 人工 | 合计工日 | | 工日 | 4.1520 | 36.0910 | 14.0180 |
| | 其中 | 普工 | 工日 | 1.2450 | 10.8270 | 4.2050 |
| | | 一般技工 | 工日 | 2.2830 | 19.8500 | 7.7100 |
| | | 高级技工 | 工日 | 0.6230 | 5.4140 | 2.1030 |
| 材料 | 板枋材 | | $m^3$ | — | — | 0.050 |
| | 波纹管 | | kg | — | 36.900 | — |
| | 低合金钢焊条 E43 系列 | | kg | — | 8.710 | — |
| | 防锈漆 | | kg | — | — | 1.000 |
| | 钢板(综合) | | kg | — | — | 98.280 |
| | 钢绞线群锚 | | 套 | — | 8.601 | — |
| | 钢绞线(综合) | | t | — | 1.030 | — |
| | 钢筋 $\phi$10 以内 | | kg | — | 51.500 | — |
| | 聚氯乙烯软管 $D20\times2.5$ | | m | — | 233.900 | — |
| | 扩孔钻头 | | 个 | 0.020 | — | — |
| | 石油沥青 10# | | kg | — | — | 19.000 |
| | 速凝剂 | | kg | 2.000 | — | — |
| | 铁件(综合) | | kg | — | 19.330 | 12.700 |
| | 预拌混凝土 C30 | | $m^3$ | — | — | 0.428 |
| | 预拌砂浆(干拌) | | $m^3$ | 0.220 | — | — |
| | 圆木桩 | | $m^3$ | 0.010 | — | — |
| | 其他材料费 | | % | 3.000 | 3.000 | 1.000 |
| 机械 | 半自动切割机 100mm | | 台班 | — | 0.154 | — |
| | 电动单筒慢速卷扬机 10kN | | 台班 | — | 1.454 | — |
| | 电动空气压缩机 10$m^3$/min | | 台班 | 0.267 | — | — |
| | 电动修钎机 | | 台班 | 0.250 | — | — |
| | 电焊条烘干箱 45×35×45(cm) | | 台班 | — | 0.063 | — |
| | 干混砂浆罐式搅拌机 | | 台班 | 0.009 | — | — |
| | 高压油泵 80MPa | | 台班 | — | 3.358 | — |
| | 工程地质液压钻机 | | 台班 | 1.180 | — | — |
| | 交流弧焊机 32kV·A | | 台班 | — | 0.626 | — |
| | 气动灌浆机 | | 台班 | 0.250 | — | — |
| | 预应力钢筋拉伸机 650kN | | 台班 | — | 3.446 | — |

**工作内容**：搭拆操作平台、选眼位、打眼、洗眼、土钉制作安装、调制砂浆、灌浆、封口等。**计量单位**：10m

| 定额编号 | | | | 1-2-67 | 1-2-68 |
|---|---|---|---|---|---|
| 项　目 | | | | 砂浆土钉 | 钢管护坡土钉 |
| 名　称 | | | 单位 | 消　耗　量 | |
| 人工 | 合计工日 | | 工日 | 1.3290 | 1.9290 |
| | 其中 | 普工 | 工日 | 0.3990 | 0.5790 |
| | | 一般技工 | 工日 | 0.7310 | 1.0610 |
| | | 高级技工 | 工日 | 0.1990 | 0.2890 |
| 材料 | 板枋材 | | $m^3$ | 0.010 | — |
| | 镀锌钢管 *DN*65 | | m | — | 10.200 |
| | 钢板(综合) | | kg | 5.890 | — |
| | 钢筋 $\phi$10 以外 | | kg | 31.290 | — |
| | 合金钢钻头 | | 个 | 0.300 | — |
| | 砂子(中粗砂) | | $m^3$ | 0.040 | — |
| | 水 | | $m^3$ | 0.381 | — |
| | 水泥 P.O 42.5 | | kg | 30.590 | 98.000 |
| | 其他材料费 | | % | 0.500 | 1.500 |
| 机械 | 电动空气压缩机 10$m^3$/min | | 台班 | 0.060 | — |
| | 电动修钎机 | | 台班 | 0.043 | — |
| | 灰浆搅拌机 200L | | 台班 | 0.009 | 0.189 |
| | 气动灌浆机 | | 台班 | 0.026 | 0.172 |
| | 气腿式风动凿岩机 | | 台班 | 0.312 | — |

**工作内容**：钢筋网制作、挂网、绑扎点焊；基层清理、喷射混凝土、收回弹料、找平面层等。

| 定额编号 | | | | 1-2-69 | 1-2-70 | 1-2-71 | 1-2-72 | 1-2-73 |
|---|---|---|---|---|---|---|---|---|
| 项　目 | | | | 喷射混凝土挂网 | 喷射混凝土支护无筋(斜面) | | 喷射混凝土支护有筋(斜面) | |
| | | | | 制作、安装 | 初喷 5cm | 每增 1cm | 初喷 5cm | 每增 1cm |
| | | | | t | 100$m^2$ | 100$m^2$ | 100$m^2$ | 100$m^2$ |
| 名　称 | | | 单位 | 消　耗　量 | | | | |
| 人工 | 合计工日 | | 工日 | 11.2100 | 15.8650 | 1.7100 | 19.8310 | 2.1320 |
| | 其中 | 普工 | 工日 | 3.3630 | 4.7600 | 0.5130 | 5.9490 | 0.6400 |
| | | 一般技工 | 工日 | 6.1660 | 8.7260 | 0.9400 | 10.9070 | 1.1730 |
| | | 高级技工 | 工日 | 1.6820 | 2.3800 | 0.2560 | 2.9750 | 0.3200 |
| 材料 | 低合金钢焊条 E43 系列 | | kg | 10.200 | — | — | — | — |
| | 镀锌铁丝 $\phi$1.2~0.7 | | kg | 0.800 | — | — | — | — |
| | 钢筋 $\phi$10 以内 | | t | 1.020 | — | — | — | — |
| | 高压胶皮风管 $\phi$25-6P-20m | | m | — | 1.500 | 0.200 | 5.750 | 0.200 |
| | 喷射混凝土 1:2.5:2 | | $m^3$ | — | 5.750 | 1.100 | 5.750 | 1.100 |
| | 其他材料费 | | % | 1.000 | 2.000 | 1.500 | 2.000 | 1.500 |
| 机械 | 电动空气压缩机 10$m^3$/min | | 台班 | — | 0.689 | 0.138 | 0.861 | 0.172 |
| | 电焊条烘干箱 45×35×45(cm) | | 台班 | 0.268 | — | — | — | — |
| | 钢筋调直机 14mm | | 台班 | 0.165 | — | — | — | — |
| | 钢筋切断机 40mm | | 台班 | 0.157 | — | — | — | — |
| | 混凝土湿喷机 5$m^3$/h | | 台班 | — | 0.755 | 0.151 | 0.944 | 0.189 |
| | 交流弧焊机 32kV·A | | 台班 | 2.681 | — | — | — | — |

# 第三章　桩基础工程

# 说 明

一、本章定额包括打桩和灌注桩等项目。

二、本章定额适用于陆地上桩基工程，所列打桩机的规格、型号是按常规施工工艺和方法综合取定。

三、桩基施工前场地平整、压实地表、地下障碍处理等均未考虑，发生时另行计算。

四、探桩位已综合考虑在各类桩基定额内，不另行计算。

五、打桩土质类别综合取定。本章定额均为打直桩，打斜桩（包括俯打、仰打）斜率在1:6以内时，人工乘以系数1.33，机械乘以系数1.43。

六、打桩项目未包括运桩。

七、送桩定额按送4m为界，如实际超过4m时，按相应项目乘以下列调整系数：

1. 送桩5m以内乘以系数1.20；

2. 送桩6m以内乘以系数1.50；

3. 送桩7m以内乘以系数2.00；

4. 送桩7m以上，以调整后7m为基础，每超过1m递增系数0.75。

八、打钢管桩项目不包括接桩费用，如发生接桩，按实际接头数量套用钢管桩接桩定额；打钢管桩送桩，按相应打桩项目调整计算：不计钢管桩主材，人工、机械数量乘以系数1.90。

九、打预制钢筋混凝土方桩、预应力钢筋混凝土管桩，定额按购入成品构件考虑，已包含桩位半径在15m范围内的移动、起吊、就位。

十、打桩机械场外运输费可另行计算。

十一、本章项目钻孔的土质分类按现行国家标准《岩土勘察规范》GB 50021—2001（2009年局部修订版）和《工程岩体分级标准》GB 50218—94划分。

十二、成孔项目按孔径、深度和土质划分项目，若超过定额使用范围时，应另行计算。

十三、灌注桩混凝土均按水下混凝土导管倾注考虑，采用非水下混凝土时混凝土材料可抽换。项目已包括设备（如导管等）摊销，混凝土用量中均已包括了充盈系数和材料损耗（见下表），由各地区、部门自行制定充盈系数调整办法。

**灌注桩充盈系数和材料损耗率表**

| 项目名称 | 充盈系数 | 损耗率（%） |
|---|---|---|
| 回旋（旋挖）、螺旋钻孔 | 1.20 | 1.00 |
| 冲击钻孔 | 1.25 | 1.00 |
| 冲抓钻孔 | 1.30 | 1.00 |
| 沉管成孔 | 1.15 | 1.00 |

十四、旋挖桩、螺旋桩、人工挖孔桩等干作业成孔桩的土石方场内、场外运输，均执行本定额"第一章土石方工程"相应的项目。

十五、本章定额内未包括桩钢筋笼、铁件制作及安装项目，实际发生时按本定额"第五章混凝土和钢筋混凝土工程"中的相应项目执行。

十六、本章定额内未包括沉管灌注桩的预制桩尖制安项目，实际发生时按本定额"第五章混凝土和钢筋混凝土工程"中的相应项目执行。

十七、泥浆制作定额按普通泥浆考虑,若需采用膨润土,由各地区、部门自行制定调整办法。

十八、注浆管埋设定额按桩底注浆考虑,如设计采用侧向注浆,则人工、机械乘以系数1.20。

十九、本章项目未包括:钻机场外运输、泥浆池制作、泥浆处理及外运,其费用可另行计算。

# 工程量计算规则

一、打钢筋混凝土方桩按桩长度(包括桩尖长度)乘以桩截面面积计算。

二、打钢筋混凝土管桩按桩长度(包括桩尖长度)乘以桩截面面积,空心部分体积不计。

三、预应力钢筋混凝土管桩,如设计要求加注填充材料,填充部分另按本章管桩填芯相应项目执行。

四、钢管桩按成品桩考虑,以"t"计算。

五、焊接桩型钢用量可按实调整。

六、送桩:以原地面平均标高增加1m为界线,界线以下至设计桩顶标高之间的打桩实体积为送桩工程量。

七、预制混凝土桩凿桩头按设计图示桩截面积乘以凿桩头长度,以体积计算。

八、桩头钢筋整理,按所整理的桩的数量计算。

九、回旋钻机钻孔、冲击式钻机钻孔、卷扬机带冲抓锥冲孔的成孔工程量按设计入土深度计算。项目的孔深指原地面至设计桩底的深度。成孔项目同一孔内的不同土质,不论其所在的深度如何,均执行总孔深定额。

十、旋挖钻机钻孔按设计入土深度乘以桩截面面积计算。遇较软岩、较硬岩、坚硬岩时应计算入岩增加费,入岩增加费按实际入岩体积计算。

十一、沉管成孔工程量按打桩前自然地坪标高至设计桩底标高(不包括预制桩尖)的成孔长度乘以钢管外径截面积,以体积计算。

沉管桩灌注混凝土工程量按钢管外径截面积乘以设计桩长(不包括预制桩尖)另加加灌长度,以体积计算。加灌长度设计有规定者,按设计要求计算,无规定者,按0.5m计算。

十二、泥浆制作工程量由各地区、部门自行制定调整办法。

十三、灌注桩水下混凝土工程量按设计桩长增加1m乘以设计桩径截面面积计算。

十四、人工挖孔工程量按护壁外缘包围的面积乘以深度计算,现浇混凝土护壁和灌注桩混凝土按设计图示尺寸以"$m^3$"计算。

十五、钻孔压浆桩工程量按设计桩长,以长度计算。

十六、灌注桩后注浆工程量计算按设计注浆量计算,注浆管管材费用另计,但利用声测管注浆时不得重复计算。

十七、声测管埋设工程量按打桩前的自然地坪标高至设计桩底标高另加0.5m,以长度计算。

# 1. 打 桩

**工作内容：**安拆桩帽、捆桩、吊桩、就位、打桩、校正、移动桩架、安置或更换衬垫、测量、记录等。

**计量单位：**10m³

| 定额编号 | | | 1-3-1 | 1-3-2 | 1-3-3 | 1-3-4 | 1-3-5 | 1-3-6 |
|---|---|---|---|---|---|---|---|---|
| 项目 | | | 打钢筋混凝土方桩 | | | | | |
| | | | $L$≤8m | $L$≤16m | $L$≤24m | $L$≤28m | $L$≤32m | $L$≤40m |
| 名称 | | 单位 | 消耗量 | | | | | |
| 人工 | 合计工日 | 工日 | 11.7440 | 5.5000 | 6.8680 | 4.4370 | 3.5360 | 3.4340 |
| 人工 | 其中 普工 | 工日 | 3.5230 | 1.6500 | 2.0600 | 1.3310 | 1.0610 | 1.0300 |
| 人工 | 其中 一般技工 | 工日 | 7.0460 | 3.3000 | 4.1210 | 2.6620 | 2.1220 | 2.0610 |
| 人工 | 其中 高级技工 | 工日 | 1.1750 | 0.5500 | 0.6870 | 0.4440 | 0.3540 | 0.3430 |
| 材料 | 白棕绳 $\phi$40 | kg | 0.900 | 0.900 | 0.900 | 0.900 | 0.900 | 0.900 |
| 材料 | 草纸 | kg | 2.500 | 2.500 | 2.500 | 2.500 | 2.500 | 2.500 |
| 材料 | 钢筋混凝土方桩 | m³ | 10.100 | 10.100 | 10.100 | 10.100 | 10.100 | 10.100 |
| 材料 | 硬垫木 | m³ | 0.010 | 0.010 | 0.020 | 0.030 | 0.030 | 0.030 |
| 材料 | 桩帽 | kg | 4.710 | 7.070 | 9.420 | 11.780 | 16.480 | 21.200 |
| 机械 | 履带式柴油打桩机 2.5t | 台班 | 0.906 | 0.424 | 0.526 | — | — | — |
| 机械 | 履带式柴油打桩机 5t | 台班 | — | — | — | 0.339 | 0.271 | — |
| 机械 | 履带式柴油打桩机 7t | 台班 | — | — | — | — | — | 0.266 |
| 机械 | 履带式起重机 15t | 台班 | 0.486 | 0.227 | 0.451 | 0.290 | 0.233 | 0.228 |

**工作内容:** 1. 浆锚接桩:对接、校正;安装夹箍及拆除;熬制及灌注硫磺胶泥等。
2. 焊接桩:对接、校正;垫铁片;安角铁;焊接等。
3. 法兰接桩:上下对接、校正;垫铁片、上螺栓、绞紧、焊接等。　**计量单位:个**

| 定额编号 | | | | 1-3-7 | 1-3-8 | 1-3-9 |
|---|---|---|---|---|---|---|
| 项　目 | | | | 方桩接桩 | | |
| | | | | 浆锚接桩 | 焊接桩 | 法兰接桩 |
| 名　称 | | | 单位 | 消　耗　量 | | |
| 人工 | 合计工日 | | 工日 | 0.4680 | 1.0100 | 0.8360 |
| | 其中 | 普工 | 工日 | 0.1400 | 0.3030 | 0.2510 |
| | | 一般技工 | 工日 | 0.2810 | 0.6060 | 0.5020 |
| | | 高级技工 | 工日 | 0.0470 | 0.1010 | 0.0840 |
| 材料 | 板枋材 | | $m^3$ | 0.002 | — | — |
| | 低合金钢焊条 E43 系列 | | kg | — | 6.760 | 1.040 |
| | 硫磺胶泥 | | kg | 12.850 | — | — |
| | 六角螺栓 | | kg | — | — | 3.740 |
| | 木柴 | | kg | 0.500 | — | — |
| | 石油沥青 30# | | kg | — | — | 14.000 |
| | 型钢(综合) | | kg | — | 48.000 | — |
| | 氧气 | | $m^3$ | — | 0.086 | — |
| | 乙炔气 | | $m^3$ | — | 0.029 | — |
| | 其他材料费 | | % | 4.310 | — | — |
| 机械 | 电焊条烘干箱 45×35×45(cm) | | 台班 | — | 0.010 | 0.007 |
| | 轨道式柴油打桩机 2.5t | | 台班 | — | — | 0.071 |
| | 轨道式柴油打桩机 4t | | 台班 | 0.053 | 0.044 | — |
| | 交流弧焊机 32kV·A | | 台班 | — | 0.100 | 0.073 |
| | 履带式起重机 15t | | 台班 | 0.047 | 0.038 | — |

**工作内容：**安拆送桩帽、送桩杆、打送桩、安置或更换衬垫、移动桩架、测量、记录等。

计量单位：$10m^3$

| 定额编号 | | | | 1-3-10 | 1-3-11 | 1-3-12 | 1-3-13 | 1-3-14 | 1-3-15 |
|---|---|---|---|---|---|---|---|---|---|
| 项目 | | | | 方桩送桩 | | | | | |
| | | | | $L\leqslant8m$ | $L\leqslant16m$ | $L\leqslant24m$ | $L\leqslant28m$ | $L\leqslant32m$ | $L\leqslant40m$ |
| 名称 | | | 单位 | 消耗量 | | | | | |
| 人工 | 合计工日 | | 工日 | 18.7170 | 16.9500 | 20.6380 | 20.6300 | 20.9200 | 27.0810 |
| | 其中 | 普工 | 工日 | 5.6150 | 5.0850 | 6.1910 | 6.1890 | 6.2760 | 8.1240 |
| | | 一般技工 | 工日 | 11.2300 | 10.1700 | 12.3830 | 12.3780 | 12.5520 | 16.2490 |
| | | 高级技工 | 工日 | 1.8720 | 1.6950 | 2.0640 | 2.0630 | 2.0920 | 2.7080 |
| 材料 | 草纸 | | kg | 5.000 | 5.000 | 5.000 | 5.000 | 5.000 | 5.000 |
| | 送桩帽 | | kg | 12.510 | 18.760 | 25.020 | 26.500 | 37.100 | 47.700 |
| | 硬垫木 | | $m^3$ | 0.010 | 0.010 | 0.020 | 0.030 | 0.030 | 0.030 |
| | 桩帽 | | kg | 5.420 | 8.130 | 10.830 | 11.780 | 16.490 | 21.200 |
| 机械 | 履带式柴油打桩机 2.5t | | 台班 | 2.398 | 2.162 | 2.653 | — | — | — |
| | 履带式柴油打桩机 5t | | 台班 | — | — | — | 2.653 | 2.529 | — |
| | 履带式柴油打桩机 7t | | 台班 | — | — | — | — | — | 3.265 |
| | 履带式起重机 15t | | 台班 | 1.236 | 1.114 | 2.188 | 2.188 | 2.218 | 2.865 |

**工作内容：**安拆桩帽、捆桩、吊桩、就位、打桩、校正、移动桩架、安置或更换衬垫、测量、记录等。

计量单位：$10m^3$ 实体

| 定额编号 | | | | 1-3-16 | 1-3-17 | 1-3-18 | 1-3-19 |
|---|---|---|---|---|---|---|---|
| 项目 | | | | 打钢筋混凝土管桩 | | | |
| | | | | $\phi400$ $L\leqslant24m$ | $\phi550$ $L\leqslant24m$ | $\phi600$ $L\leqslant25m$ | $\phi600$ $L\leqslant50m$ |
| 名称 | | | 单位 | 消耗量 | | | |
| 人工 | 合计工日 | | 工日 | 6.6300 | 5.1000 | 5.2270 | 6.2640 |
| | 其中 | 普工 | 工日 | 1.9890 | 1.5300 | 1.5680 | 1.8790 |
| | | 一般技工 | 工日 | 3.9780 | 3.0600 | 3.1360 | 3.7580 |
| | | 高级技工 | 工日 | 0.6630 | 0.5100 | 0.5230 | 0.6260 |
| 材料 | 白棕绳 $\phi40$ | | kg | 0.900 | 0.900 | 0.900 | 0.900 |
| | 草纸 | | kg | 2.500 | 2.500 | 2.500 | 2.500 |
| | 钢筋混凝土 PHC 桩 | | $m^3$ | — | — | 10.100 | 10.100 |
| | 钢筋混凝土管桩 | | $m^3$ | 10.100 | 10.100 | — | — |
| | 硬垫木 | | $m^3$ | 0.020 | 0.020 | 0.020 | 0.020 |
| | 桩帽 | | kg | 18.840 | 23.560 | 28.270 | 28.270 |
| 机械 | 履带式柴油打桩机 2.5t | | 台班 | 0.850 | — | — | — |
| | 履带式柴油打桩机 5t | | 台班 | — | 0.651 | 0.630 | — |
| | 履带式柴油打桩机 7t | | 台班 | — | — | — | 0.754 |
| | 履带式起重机 15t | | 台班 | 0.700 | 0.537 | 0.553 | 0.662 |

**工作内容：**安拆桩帽、捆桩、吊桩、就位、打桩、校正、移动桩架、安置或更换衬垫、测量、记录等。

计量单位：10m³ 实体

| 定额编号 | | | | 1-3-20 | 1-3-21 | 1-3-22 | 1-3-23 |
|---|---|---|---|---|---|---|---|
| 项目 | | | | 打钢筋混凝土管桩 | | | |
| | | | | $\phi$800 $L\leq$25m | $\phi$800 $L\leq$50m | $\phi$1000 $L\leq$25m | $\phi$1000 $L\leq$50m |
| 名称 | | | 单位 | 消耗量 | | | |
| 人工 | 合计工日 | | 工日 | 4.2250 | 5.4750 | 3.5360 | 4.6070 |
| | 其中 | 普工 | 工日 | 1.2670 | 1.6420 | 1.0610 | 1.3820 |
| | | 一般技工 | 工日 | 2.5350 | 3.2850 | 2.1220 | 2.7640 |
| | | 高级技工 | 工日 | 0.4220 | 0.5470 | 0.3540 | 0.4610 |
| 材料 | 白棕绳 $\phi$40 | | kg | 0.900 | 0.900 | 0.900 | 0.900 |
| | 草纸 | | kg | 2.500 | 2.500 | 2.500 | 2.500 |
| | 钢筋混凝土 PHC 桩 | | m³ | 10.100 | 10.100 | 10.100 | 10.100 |
| | 硬垫木 | | m³ | 0.020 | 0.020 | 0.020 | 0.020 |
| | 桩帽 | | kg | 37.690 | 37.690 | 47.110 | 47.110 |
| 机械 | 履带式柴油打桩机 5t | | 台班 | 0.506 | — | — | — |
| | 履带式柴油打桩机 7t | | 台班 | — | 0.665 | 0.426 | — |
| | 履带式柴油打桩机 8t | | 台班 | — | — | — | 0.559 |
| | 履带式起重机 15t | | 台班 | 0.443 | 0.584 | 0.373 | 0.491 |

**工作内容：**上、下节桩对接，磨焊接头等。

计量单位：个

| 定额编号 | | | | 1-3-24 | 1-3-25 | 1-3-26 | 1-3-27 | 1-3-28 |
|---|---|---|---|---|---|---|---|---|
| 项目 | | | | 钢筋混凝土管桩电焊接桩 | | | | |
| | | | | $\phi$400 | $\phi$550 | $\phi$600 | $\phi$800 | $\phi$1000 |
| 名称 | | | 单位 | 消耗量 | | | | |
| 人工 | 合计工日 | | 工日 | 0.1770 | 0.2420 | 0.2640 | 0.3510 | 0.4400 |
| | 其中 | 普工 | 工日 | 0.0530 | 0.0730 | 0.0790 | 0.1050 | 0.1320 |
| | | 一般技工 | 工日 | 0.1060 | 0.1450 | 0.1580 | 0.2110 | 0.2640 |
| | | 高级技工 | 工日 | 0.0180 | 0.0240 | 0.0260 | 0.0350 | 0.0440 |
| 材料 | 低合金钢焊条 E43 系列 | | kg | 1.840 | 2.530 | 2.740 | 3.660 | 4.580 |
| 机械 | 电焊条烘干箱 45×35×45(cm) | | 台班 | 0.012 | 0.015 | 0.018 | 0.023 | 0.029 |
| | 轨道式柴油打桩机 2.5t | | 台班 | 0.053 | — | — | — | — |
| | 轨道式柴油打桩机 4t | | 台班 | — | 0.080 | — | — | — |
| | 交流弧焊机 32kV·A | | 台班 | 0.118 | 0.154 | 0.182 | 0.227 | 0.290 |
| | 履带式柴油打桩机 5t | | 台班 | — | — | 0.089 | 0.115 | — |
| | 履带式柴油打桩机 7t | | 台班 | — | — | — | — | 0.142 |
| | 履带式起重机 15t | | 台班 | 0.029 | 0.044 | 0.089 | 0.101 | 0.124 |

**工作内容:** 安拆送桩帽、送桩杆、打送桩、安置或更换衬垫、移动桩架、测量、记录等。

计量单位:$10m^3$ 实体

| 定额编号 | | | | 1-3-29 | 1-3-30 | 1-3-31 | 1-3-32 |
|---|---|---|---|---|---|---|---|
| 项目 | | | | 钢筋混凝土管桩送桩 | | | |
| | | | | $\phi$400 $L \leq$ 24m | $\phi$550 $L \leq$ 24m | $\phi$600 $L \leq$ 25m | $\phi$600 $L \leq$ 50m |
| 名称 | | | 单位 | 消耗量 | | | |
| 人工 | 合计工日 | | 工日 | 24.6330 | 27.5660 | 25.9080 | 25.9080 |
| | 其中 | 普工 | 工日 | 7.3900 | 8.2700 | 7.7720 | 7.7720 |
| | | 一般技工 | 工日 | 14.7800 | 16.5400 | 15.5450 | 15.5450 |
| | | 高级技工 | 工日 | 2.4630 | 2.7570 | 2.5910 | 2.5910 |
| 材料 | 草纸 | | kg | 5.000 | 5.000 | 5.000 | 5.000 |
| | 送桩帽 | | kg | 48.450 | 60.570 | 72.680 | 72.680 |
| | 硬垫木 | | $m^3$ | 0.020 | 0.020 | 0.040 | 0.040 |
| | 桩帽 | | kg | 18.850 | 23.550 | 28.270 | 28.270 |
| 机械 | 履带式柴油打桩机 2.5t | | 台班 | 3.162 | — | — | — |
| | 履带式柴油打桩机 5t | | 台班 | — | 3.540 | 3.132 | — |
| | 履带式柴油打桩机 7t | | 台班 | — | — | — | 3.132 |
| | 履带式起重机 15t | | 台班 | 1.630 | 1.825 | 2.748 | 2.748 |

**工作内容:** 安拆送桩帽、送桩杆、打送桩、安置或更换衬垫、移动桩架、测量、记录等。

计量单位:$10m^3$ 实体

| 定额编号 | | | | 1-3-33 | 1-3-34 | 1-3-35 | 1-3-36 |
|---|---|---|---|---|---|---|---|
| 项目 | | | | 钢筋混凝土管桩送桩 | | | |
| | | | | $\phi$800 $L \leq$ 25m | $\phi$800 $L \leq$ 50m | $\phi$1000 $L \leq$ 25m | $\phi$1000 $L \leq$ 50m |
| 名称 | | | 单位 | 消耗量 | | | |
| 人工 | 合计工日 | | 工日 | 25.0240 | 25.0240 | 21.9990 | 21.9990 |
| | 其中 | 普工 | 工日 | 7.5070 | 7.5070 | 6.6000 | 6.6000 |
| | | 一般技工 | 工日 | 15.0140 | 15.0140 | 13.1990 | 13.1990 |
| | | 高级技工 | 工日 | 2.5020 | 2.5020 | 2.2000 | 2.2000 |
| 材料 | 草纸 | | kg | 5.000 | 5.000 | 5.000 | 5.000 |
| | 送桩帽 | | kg | 96.920 | 96.920 | 121.150 | 121.150 |
| | 硬垫木 | | $m^3$ | 0.050 | 0.050 | 0.050 | 0.050 |
| | 桩帽 | | kg | 37.690 | 37.690 | 47.110 | 47.110 |
| 机械 | 履带式柴油打桩机 5t | | 台班 | 3.017 | — | — | — |
| | 履带式柴油打桩机 7t | | 台班 | — | 3.017 | 2.662 | — |
| | 履带式柴油打桩机 8t | | 台班 | — | — | — | 2.662 |
| | 履带式起重机 15t | | 台班 | 2.646 | 2.646 | 2.336 | 2.336 |

**工作内容:**安拆桩帽、捆桩、吊桩、就位、打桩、校正、移动桩架、安置或更换衬垫、测量、记录等。

**计量单位:**10t

| 定额编号 | | | | 1-3-37 | 1-3-38 | 1-3-39 | 1-3-40 | 1-3-41 | 1-3-42 |
|---|---|---|---|---|---|---|---|---|---|
| 项目 | | | | 打钢管桩 ϕ406.40 | | | 打钢管桩 ϕ609.60 | | |
| | | | | L≤30m | L≤50m | L≤70m | L≤30m | L≤50m | L≤70m |
| 名称 | | | 单位 | 消耗量 | | | | | |
| 人工 | 合计工日 | | 工日 | 16.0210 | 11.1800 | 10.6420 | 11.2250 | 8.0010 | 7.6430 |
| | 其中 | 普工 | 工日 | 4.8060 | 3.3540 | 3.1930 | 3.3680 | 2.4000 | 2.2930 |
| | | 一般技工 | 工日 | 9.6130 | 6.7080 | 6.3850 | 6.7350 | 4.8010 | 4.5860 |
| | | 高级技工 | 工日 | 1.6020 | 1.1180 | 1.0640 | 1.1220 | 0.8000 | 0.7640 |
| 材料 | 白棕绳 ϕ40 | | kg | 0.900 | 0.900 | 0.900 | 0.900 | 0.900 | 0.900 |
| | 草纸 | | kg | 2.500 | 2.500 | 2.500 | 2.500 | 2.500 | 2.500 |
| | 钢管桩 | | t | 10.100 | 10.100 | 10.100 | 10.100 | 10.100 | 10.100 |
| | 硬垫木 | | $m^3$ | 0.020 | 0.020 | 0.020 | 0.046 | 0.046 | 0.046 |
| | 桩帽 | | kg | 5.560 | 12.960 | 22.340 | 9.730 | 12.960 | 22.340 |
| 机械 | 风割机 | | 台班 | 1.539 | 1.093 | 1.043 | 1.113 | 0.787 | 0.751 |
| | 履带式柴油打桩机 2.5t | | 台班 | 1.539 | — | — | — | — | — |
| | 履带式柴油打桩机 5t | | 台班 | — | 1.093 | — | 1.113 | — | — |
| | 履带式柴油打桩机 7t | | 台班 | — | — | 1.043 | — | 0.787 | — |
| | 履带式柴油打桩机 8t | | 台班 | — | — | — | — | — | 0.751 |
| | 履带式起重机 15t | | 台班 | 1.539 | 1.093 | 1.043 | 1.113 | 0.787 | 0.751 |

**工作内容:**安拆桩帽、捆桩、吊桩、就位、打桩、校正、移动桩架、安置或更换衬垫、测量、记录等。

**计量单位:**10t

| 定额编号 | | | | 1-3-43 | 1-3-44 | 1-3-45 |
|---|---|---|---|---|---|---|
| 项目 | | | | 打钢管桩 ϕ914.40 | | |
| | | | | L≤30m | L≤50m | L≤70m |
| 名称 | | | 单位 | 消耗量 | | |
| 人工 | 合计工日 | | 工日 | 7.9640 | 5.7460 | 5.4990 |
| | 其中 | 普工 | 工日 | 2.3890 | 1.7240 | 1.6500 |
| | | 一般技工 | 工日 | 4.7780 | 3.4480 | 3.2990 |
| | | 高级技工 | 工日 | 0.7970 | 0.5740 | 0.5500 |
| 材料 | 白棕绳 ϕ40 | | kg | 0.900 | 0.900 | 0.900 |
| | 草纸 | | kg | 2.500 | 2.500 | 2.500 |
| | 钢管桩 | | t | 10.100 | 10.100 | 10.100 |
| | 硬垫木 | | $m^3$ | 0.104 | 0.104 | 0.104 |
| | 桩帽 | | kg | 12.960 | 22.340 | 33.840 |
| 机械 | 风割机 | | 台班 | 0.796 | 0.585 | 0.562 |
| | 履带式柴油打桩机 5t | | 台班 | 0.796 | — | — |
| | 履带式柴油打桩机 7t | | 台班 | — | 0.585 | — |
| | 履带式柴油打桩机 8t | | 台班 | — | — | 0.562 |
| | 履带式起重机 15t | | 台班 | 0.796 | 0.585 | 0.562 |

**工作内容**:上、下节桩对接,磨焊接头等。 **计量单位**:个

| 定额编号 | | | | 1-3-46 | 1-3-47 | 1-3-48 |
|---|---|---|---|---|---|---|
| 项目 | | | | 钢管桩电焊接桩 | | |
| | | | | $\phi$406.40 | $\phi$609.60 | $\phi$914.40 |
| 名称 | | | 单位 | 消耗量 | | |
| 人工 | 合计工日 | | 工日 | 0.6560 | 0.7070 | 0.7600 |
| | 其中 | 普工 | 工日 | 0.1970 | 0.2120 | 0.2280 |
| | | 一般技工 | 工日 | 0.3930 | 0.4240 | 0.4560 |
| | | 高级技工 | 工日 | 0.0660 | 0.0710 | 0.0760 |
| 材料 | 导电杆 | | 只 | 0.004 | 0.007 | 0.010 |
| | 导电嘴 | | 套 | 0.365 | 0.371 | 0.946 |
| | 焊丝 $\phi$3.2 | | kg | 1.720 | 2.590 | 3.860 |
| | 砂轮片 | | 片 | 0.500 | 0.750 | 1.000 |
| | 氧气 | | $m^3$ | 0.455 | 0.520 | 0.585 |
| | 乙炔气 | | $m^3$ | 0.162 | 0.186 | 0.209 |
| 机械 | 风割机 | | 台班 | 0.060 | 0.060 | 0.078 |
| | 履带式柴油打桩机 2.5t | | 台班 | 0.062 | — | — |
| | 履带式柴油打桩机 5t | | 台班 | — | 0.062 | — |
| | 履带式柴油打桩机 8t | | 台班 | — | — | 0.080 |
| | 自动埋弧焊机 500A | | 台班 | 0.064 | 0.064 | 0.163 |

**工作内容**:1. 内切割:准备机具;测定标高;内切割钢管;截除钢管、就地安放等。
2. 精割盖帽:准备机具;测定标高划线、整圈;精割;清泥;除锈;安放及焊接盖帽等。 **计量单位**:根

| 定额编号 | | | | 1-3-49 | 1-3-50 | 1-3-51 | 1-3-52 | 1-3-53 | 1-3-54 |
|---|---|---|---|---|---|---|---|---|---|
| 项目 | | | | 钢管桩内切割 | | | 钢管桩精割盖帽 | | |
| | | | | $\phi$406.40 | $\phi$609.60 | $\phi$914.40 | $\phi$406.40 | $\phi$609.60 | $\phi$914.40 |
| 名称 | | | 单位 | 消耗量 | | | | | |
| 人工 | 合计工日 | | 工日 | 1.0360 | 1.1210 | 1.2060 | 1.5960 | 1.9090 | 2.4220 |
| | 其中 | 普工 | 工日 | 0.3110 | 0.3360 | 0.3620 | 0.4790 | 0.5730 | 0.7270 |
| | | 一般技工 | 工日 | 0.6210 | 0.6730 | 0.7240 | 0.9580 | 1.1460 | 1.4530 |
| | | 高级技工 | 工日 | 0.1040 | 0.1120 | 0.1210 | 0.1600 | 0.1910 | 0.2420 |
| 材料 | 钢帽 $\phi$400 | | 个 | — | — | — | 1.000 | — | — |
| | 钢帽 $\phi$600 | | 个 | — | — | — | — | 1.000 | — |
| | 钢帽 $\phi$900 | | 个 | — | — | — | — | — | 1.000 |
| | 焊丝 $\phi$3.2 | | kg | — | — | — | 1.720 | 2.590 | 3.860 |
| | 氧气 | | $m^3$ | 3.180 | 3.250 | 3.900 | — | — | — |
| | 乙炔气 | | $m^3$ | 1.060 | 1.080 | 1.300 | — | — | — |
| | 其他材料费 | | % | — | — | — | 12.940 | 7.410 | 6.070 |
| 机械 | 风割机 | | 台班 | — | — | — | 0.095 | 0.103 | 0.112 |
| | 履带式起重机 15t | | 台班 | — | — | — | 0.063 | 0.086 | 0.124 |
| | 履带式起重机 40t | | 台班 | 0.080 | 0.088 | 0.097 | — | — | — |
| | 内切割机 | | 台班 | 0.078 | 0.086 | 0.095 | — | — | — |
| | 自动埋弧焊机 500A | | 台班 | — | — | — | 0.073 | 0.100 | 0.145 |

**工作内容**：1. 钻孔取土：准备钻孔机具；钻机就位；钻孔取土；土方现场运输等。

2. 填芯：冲洗管桩内芯；排水；混凝土填芯等。

**计量单位**：$10m^3$

| 定额编号 | | | | 1-3-55 | 1-3-56 | 1-3-57 | 1-3-58 |
|---|---|---|---|---|---|---|---|
| 项目 | | | | 钢管桩管内钻孔取土 | 管桩填芯 | | |
| | | | | | 混凝土 | 黄砂 | 碎石 |
| 名称 | | | 单位 | 消耗量 | | | |
| 人工 | 合计工日 | | 工日 | 10.6840 | 7.2340 | 1.0510 | 1.7440 |
| | 其中 | 普工 | 工日 | 3.2050 | 2.1700 | 0.3150 | 0.5240 |
| | | 一般技工 | 工日 | 6.4110 | 4.3400 | 0.6310 | 1.0460 |
| | | 高级技工 | 工日 | 1.0680 | 0.7230 | 0.1050 | 0.1740 |
| 材料 | 电 | | kW·h | — | 1.410 | — | — |
| | 黄砂毛砂 | | t | — | — | 16.970 | — |
| | 水 | | $m^3$ | — | 2.857 | 4.000 | 4.000 |
| | 碎石 综合 | | t | — | — | — | 16.650 |
| | 预拌混凝土 C30 | | $m^3$ | — | 10.100 | — | — |
| 机械 | 履带式柴油打桩机 2.5t | | 台班 | 0.710 | — | — | — |
| | 螺旋钻机 600mm | | 台班 | 0.755 | — | — | — |
| | 潜水泵 100mm | | 台班 | — | 0.062 | 0.070 | 0.070 |
| | 自卸汽车 4t | | 台班 | 0.755 | — | — | — |

**工作内容**：凿除钢筋混凝土：截桩头、凿平，弯曲钢筋；桩头、余渣场内运输等。

桩头钢筋整理：1. 桩头混凝土凿除，钢筋截断。

2. 桩头钢筋梳理整形。

| 定额编号 | | | | 1-3-59 | 1-3-60 |
|---|---|---|---|---|---|
| 项目 | | | | 凿除桩顶钢筋混凝土 | 桩头钢筋整理 |
| | | | | 打入桩 | |
| | | | | $10m^3$ | 10 根 |
| 名称 | | | 单位 | 消耗量 | |
| 人工 | 合计工日 | | 工日 | 30.2090 | 0.4670 |
| | 其中 | 普工 | 工日 | 9.0630 | 0.1400 |
| | | 一般技工 | 工日 | 18.1250 | 0.2800 |
| | | 高级技工 | 工日 | 3.0210 | 0.0470 |
| 材料 | 风镐凿子 | | 根 | 6.000 | — |
| 机械 | 电动空气压缩机 $9m^3/min$ | | 台班 | 4.876 | — |

## 2. 灌 注 桩

**工作内容：**挖土，吊装、就位、埋设、接护筒，还土、夯实，材料运输，拆除，清洗堆放等。 **计量单位：**10m

| 定额编号 | | | | 1-3-61 | 1-3-62 | 1-3-63 | 1-3-64 | 1-3-65 |
|---|---|---|---|---|---|---|---|---|
| 项目 | | | | 埋设钢护筒 | | | | |
| | | | | φ≤800 | φ≤1000 | φ≤1200 | φ≤1500 | φ≤2000 |
| 名称 | | | 单位 | 消耗量 | | | | |
| 人工 | 合计工日 | | 工日 | 16.9080 | 21.1360 | 25.9950 | 33.8320 | 45.1080 |
| | 其中 | 普工 | 工日 | 5.0730 | 6.3410 | 7.7980 | 10.1500 | 13.5330 |
| | | 一般技工 | 工日 | 10.1450 | 12.6810 | 15.5970 | 20.2990 | 27.0650 |
| | | 高级技工 | 工日 | 1.6910 | 2.1140 | 2.5990 | 3.3830 | 4.5110 |
| 材料 | 扒钉 | | kg | 0.310 | 0.310 | 0.310 | 0.310 | 0.310 |
| | 板枋材 | | $m^3$ | 0.003 | 0.003 | 0.003 | 0.003 | 0.003 |
| | 钢护筒 | | t | 0.022 | 0.026 | 0.040 | 0.049 | 0.078 |
| | 原木 | | $m^3$ | 0.003 | 0.003 | 0.003 | 0.003 | 0.003 |
| | 圆钉 | | kg | 0.010 | 0.010 | 0.010 | 0.010 | 0.010 |
| | 其他材料费 | | % | 5.000 | 5.000 | 5.000 | 5.000 | 5.000 |
| 机械 | 电动单筒快速卷扬机 10kN | | 台班 | 0.920 | 1.150 | 1.371 | 1.725 | 2.291 |
| | 电动双筒慢速卷扬机 50kN | | 台班 | 0.920 | 1.150 | 1.371 | 1.725 | 2.291 |
| | 履带式起重机 15t | | 台班 | 0.754 | 0.934 | 1.182 | 1.572 | 1.893 |

**工作内容：**测量定位、准备钻机机具、钻孔出渣、清理桩孔、更换钻头及清理等。 **计量单位：**$10m^3$

| 定额编号 | | | | 1-3-66 | 1-3-67 | 1-3-68 | 1-3-69 |
|---|---|---|---|---|---|---|---|
| 项目 | | | | 旋挖钻机钻孔 | | | |
| | | | | φ≤1000 | φ≤1200 | φ≤1600 | φ≤2000 |
| | | | | 砂土、黏土、砂砾、砾石、卵石 | | | |
| 名称 | | | 单位 | 消耗量 | | | |
| 人工 | 合计工日 | | 工日 | 3.3600 | 3.3300 | 2.4800 | 1.6300 |
| | 其中 | 普工 | 工日 | 1.0080 | 0.9990 | 0.7440 | 0.4890 |
| | | 一般技工 | 工日 | 2.0160 | 1.9980 | 1.4880 | 0.9780 |
| | | 高级技工 | 工日 | 0.3360 | 0.3330 | 0.2480 | 0.1630 |
| 材料 | 低合金钢焊条 E43 系列 | | kg | 1.040 | 1.040 | 1.040 | 1.040 |
| | 水 | | $m^3$ | 5.000 | 5.000 | 5.000 | 5.000 |
| 机械 | 电焊条烘干箱 45×35×45(cm) | | 台班 | 0.018 | 0.018 | 0.010 | 0.006 |
| | 交流弧焊机 32kV·A | | 台班 | 0.180 | 0.180 | 0.100 | 0.060 |
| | 履带式单斗液压挖掘机 1.25$m^3$ | | 台班 | 0.480 | 0.470 | 0.340 | 0.230 |
| | 履带式旋挖钻机 2000mm | | 台班 | 0.680 | 0.670 | 0.500 | 0.330 |

**工作内容**:测量定位、准备钻机机具、钻孔出渣、清理桩孔、更换钻头及清理等。　　**计量单位**:10m³

| 定额编号 | | | | 1-3-70 | 1-3-71 | 1-3-72 | 1-3-73 |
|---|---|---|---|---|---|---|---|
| 项　目 | | | | 旋挖钻机钻孔 | | | |
| | | | | $\phi$≤1000 | $\phi$≤1200 | $\phi$≤1600 | $\phi$≤2000 |
| | | | | 入岩增加费 | | | |
| 名　称 | | | 单位 | 消　耗　量 | | | |
| 人工 | 合计工日 | | 工日 | 6.7000 | 6.6000 | 4.9400 | 3.2610 |
| | 其中 | 普工 | 工日 | 2.0100 | 1.9800 | 1.4820 | 0.9780 |
| | | 一般技工 | 工日 | 4.0200 | 3.9600 | 2.9640 | 1.9570 |
| | | 高级技工 | 工日 | 0.6700 | 0.6600 | 0.4940 | 0.3260 |
| 材料 | 低合金钢焊条 E43 系列 | | kg | 1.920 | 1.920 | 0.960 | 0.720 |
| | 水 | | m³ | 5.000 | 5.000 | 5.000 | 5.000 |
| 机械 | 电焊条烘干箱 45×35×45(cm) | | 台班 | 0.026 | 0.026 | 0.015 | 0.015 |
| | 交流弧焊机 32kV·A | | 台班 | 0.260 | 0.260 | 0.150 | 0.150 |
| | 履带式单斗液压挖掘机 1.25m³ | | 台班 | 0.710 | 0.700 | 0.520 | 0.340 |
| | 履带式旋挖钻机 2000mm | | 台班 | 1.360 | 1.330 | 0.990 | 0.660 |

**工作内容**:装拆钻架、就位、移动,钻进、提钻、出碴、清孔,测量孔径、孔深等。　　**计量单位**:10m

| 定额编号 | | | | 1-3-74 | 1-3-75 | 1-3-76 | 1-3-77 | 1-3-78 | 1-3-79 |
|---|---|---|---|---|---|---|---|---|---|
| 项　目 | | | | 回旋钻机钻孔 | | | | | |
| | | | | $\phi$≤1000;$H$≤40m | | | | | |
| | | | | 砂土、黏土 | 砂砾 | 砾石 | 卵石 | 软岩 | 较硬岩 |
| 名　称 | | | 单位 | 消　耗　量 | | | | | |
| 人工 | 合计工日 | | 工日 | 6.7180 | 10.6410 | 16.0010 | 18.5630 | 28.7380 | 40.4660 |
| | 其中 | 普工 | 工日 | 2.0150 | 3.1920 | 4.8000 | 5.5690 | 8.6210 | 12.1400 |
| | | 一般技工 | 工日 | 4.0310 | 6.3850 | 9.6010 | 11.1380 | 17.2430 | 24.2800 |
| | | 高级技工 | 工日 | 0.6720 | 1.0640 | 1.6000 | 1.8560 | 2.8740 | 4.0460 |
| 材料 | 低合金钢焊条 E43 系列 | | kg | 0.150 | 0.300 | 0.500 | 0.900 | 1.000 | 1.200 |
| | 铁件(综合) | | kg | 0.100 | 0.100 | 0.100 | 0.100 | 0.100 | 0.100 |
| | 枕木 | | m³ | 0.007 | 0.007 | 0.007 | 0.007 | 0.007 | 0.007 |
| | 钻头 | | kg | 0.725 | 0.810 | 0.883 | 0.883 | 1.788 | 2.181 |
| 机械 | 电焊条烘干箱45×35×45(cm) | | 台班 | 0.002 | 0.004 | 0.005 | 0.009 | 0.011 | 0.013 |
| | 回旋钻机 1000mm | | 台班 | 1.781 | 3.067 | 4.934 | 5.859 | 9.458 | 13.562 |
| | 交流弧焊机 32kV·A | | 台班 | 0.020 | 0.030 | 0.050 | 0.100 | 0.110 | 0.130 |

**工作内容：**装拆钻架、就位、移动，钻进、提钻、出碴、清孔，测量孔径、孔深等。 **计量单位：**10m

| 定额编号 | | | 1-3-80 | 1-3-81 | 1-3-82 | 1-3-83 | 1-3-84 | 1-3-85 |
|---|---|---|---|---|---|---|---|---|
| 项目 | | | 回旋钻机钻孔 | | | | | |
| | | | $\phi \leqslant 1000$；$H \leqslant 60$m | | | | | |
| | | | 砂土、黏土 | 砂砾 | 砾石 | 卵石 | 软岩 | 较硬岩 |
| 名称 | | 单位 | 消耗量 | | | | | |
| 人工 | 合计工日 | 工日 | 6.9730 | 11.4280 | 17.7440 | 21.7000 | 36.2090 | 50.6230 |
| | 其中 普工 | 工日 | 2.0920 | 3.4280 | 5.3230 | 6.5100 | 10.8630 | 15.1870 |
| | 一般技工 | 工日 | 4.1840 | 6.8570 | 10.6460 | 13.0200 | 21.7250 | 30.3740 |
| | 高级技工 | 工日 | 0.6970 | 1.1430 | 1.7750 | 2.1700 | 3.6210 | 5.0620 |
| 材料 | 低合金钢焊条E43系列 | kg | 0.156 | 0.322 | 0.554 | 1.052 | 1.260 | 1.501 |
| | 铁件(综合) | kg | 0.104 | 0.108 | 0.111 | 0.117 | 0.126 | 0.125 |
| | 枕木 | $m^3$ | 0.007 | 0.008 | 0.008 | 0.008 | 0.009 | 0.009 |
| | 钻头 | kg | 0.753 | 0.870 | 0.979 | 1.032 | 2.253 | 2.729 |
| 机械 | 电焊条烘干箱45×35×45(cm) | 台班 | 0.002 | 0.003 | 0.005 | 0.012 | 0.014 | 0.017 |
| | 回旋钻机1000mm | 台班 | 1.849 | 3.293 | 5.470 | 6.836 | 11.916 | 16.966 |
| | 交流弧焊机32kV·A | 台班 | 0.021 | 0.032 | 0.055 | 0.117 | 0.138 | 0.163 |

**工作内容：**装拆钻架、就位、移动，钻进、提钻、出碴、清孔，测量孔径、孔深等。 **计量单位：**10m

| 定额编号 | | | 1-3-86 | 1-3-87 | 1-3-88 | 1-3-89 | 1-3-90 | 1-3-91 |
|---|---|---|---|---|---|---|---|---|
| 项目 | | | 回旋钻机钻孔 | | | | | |
| | | | $\phi \leqslant 1200$；$H \leqslant 40$m | | | | | |
| | | | 砂土、黏土 | 砂砾 | 砾石 | 卵石 | 软岩 | 较硬岩 |
| 名称 | | 单位 | 消耗量 | | | | | |
| 人工 | 合计工日 | 工日 | 7.0680 | 11.4960 | 17.0870 | 20.1940 | 29.8250 | 42.7190 |
| | 其中 普工 | 工日 | 2.1200 | 3.4490 | 5.1260 | 6.0580 | 8.9480 | 12.8160 |
| | 一般技工 | 工日 | 4.2410 | 6.8980 | 10.2520 | 12.1160 | 17.8950 | 25.6310 |
| | 高级技工 | 工日 | 0.7070 | 1.1490 | 1.7090 | 2.0200 | 2.9820 | 4.2720 |
| 材料 | 低合金钢焊条E43系列 | kg | 0.150 | 0.300 | 0.500 | 1.000 | 1.100 | 1.300 |
| | 铁件(综合) | kg | 0.100 | 0.100 | 0.100 | 0.100 | 0.100 | 0.100 |
| | 枕木 | $m^3$ | 0.010 | 0.010 | 0.010 | 0.011 | 0.010 | 0.010 |
| | 钻头 | kg | 0.870 | 0.972 | 1.060 | 1.060 | 2.145 | 2.617 |
| 机械 | 电焊条烘干箱45×35×45(cm) | 台班 | 0.002 | 0.004 | 0.006 | 0.011 | 0.012 | 0.014 |
| | 回旋钻机1500mm | 台班 | 1.752 | 3.191 | 5.161 | 6.248 | 9.667 | 14.200 |
| | 交流弧焊机32kV·A | 台班 | 0.020 | 0.040 | 0.060 | 0.110 | 0.120 | 0.140 |

**工作内容：**装拆钻架、就位、移动，钻进、提钻、出碴、清孔，测量孔径、孔深等。　　**计量单位：**10m

| 定额编号 | | | | 1-3-92 | 1-3-93 | 1-3-94 | 1-3-95 | 1-3-96 | 1-3-97 |
|---|---|---|---|---|---|---|---|---|---|
| 项　目 | | | | 回旋钻机钻孔 | | | | | |
| | | | | $\phi\leqslant1200;H\leqslant60$m | | | | | |
| | | | | 砂土、黏土 | 砂砾 | 砾石 | 卵石 | 软岩 | 较硬岩 |
| 名　称 | | | 单位 | 消　耗　量 | | | | | |
| 人工 | 合计工日 | | 工日 | 7.3400 | 12.3490 | 18.9520 | 23.6110 | 37.5930 | 53.4370 |
| | 其中 | 普工 | 工日 | 2.2020 | 3.7050 | 5.6860 | 7.0830 | 11.2780 | 16.0310 |
| | | 一般技工 | 工日 | 4.4040 | 7.4090 | 11.3710 | 14.1670 | 22.5560 | 32.0620 |
| | | 高级技工 | 工日 | 0.7340 | 1.2350 | 1.8950 | 2.3610 | 3.7590 | 5.3440 |
| 材料 | 低合金钢焊条E43系列 | | kg | 0.200 | 0.500 | 0.500 | 1.100 | 1.200 | 1.400 |
| | 铁件(综合) | | kg | 0.100 | 0.100 | 0.100 | 0.100 | 0.100 | 0.100 |
| | 枕木 | | $m^3$ | 0.007 | 0.007 | 0.007 | 0.007 | 0.007 | 0.007 |
| | 钻头 | | kg | 0.870 | 0.972 | 1.060 | 1.060 | 2.145 | 2.617 |
| 机械 | 电焊条烘干箱45×35×45(cm) | | 台班 | 0.003 | 0.004 | 0.006 | 0.022 | 0.013 | 0.017 |
| | 回旋钻机1500mm | | 台班 | 2.024 | 3.619 | 5.942 | 18.144 | 12.553 | 18.095 |
| | 交流弧焊机32kV·A | | 台班 | 0.020 | 0.040 | 0.060 | 0.220 | 0.130 | 0.160 |

**工作内容：**装拆钻架、就位、移动，钻进、提钻、出碴、清孔，测量孔径、孔深等。　　**计量单位：**10m

| 定额编号 | | | | 1-3-98 | 1-3-99 | 1-3-100 | 1-3-101 | 1-3-102 | 1-3-103 |
|---|---|---|---|---|---|---|---|---|---|
| 项　目 | | | | 回旋钻机钻孔 | | | | | |
| | | | | $\phi\leqslant1500;H\leqslant40$m | | | | | |
| | | | | 砂土、黏土 | 砂砾 | 砾石 | 卵石 | 软岩 | 较硬岩 |
| 名　称 | | | 单位 | 消　耗　量 | | | | | |
| 人工 | 合计工日 | | 工日 | 8.3110 | 12.8930 | 18.8740 | 22.4470 | 32.3890 | 45.9800 |
| | 其中 | 普工 | 工日 | 2.4930 | 3.8680 | 5.6620 | 6.7340 | 9.7170 | 13.7940 |
| | | 一般技工 | 工日 | 4.9870 | 7.7360 | 11.3240 | 13.4680 | 19.4330 | 27.5880 |
| | | 高级技工 | 工日 | 0.8310 | 1.2890 | 1.8880 | 2.2450 | 3.2390 | 4.5980 |
| 材料 | 低合金钢焊条E43系列 | | kg | 0.250 | 0.400 | 0.600 | 1.200 | 1.300 | 1.600 |
| | 铁件(综合) | | kg | 0.200 | 0.200 | 0.200 | 0.200 | 0.200 | 0.200 |
| | 枕木 | | $m^3$ | 0.010 | 0.010 | 0.010 | 0.010 | 0.010 | 0.010 |
| | 钻头 | | kg | 1.087 | 1.215 | 1.325 | 1.325 | 2.682 | 3.271 |
| 机械 | 电焊条烘干箱45×35×45(cm) | | 台班 | 0.002 | 0.004 | 0.006 | 0.012 | 0.014 | 0.017 |
| | 回旋钻机1500mm | | 台班 | 1.972 | 3.390 | 5.467 | 6.724 | 10.296 | 15.066 |
| | 交流弧焊机32kV·A | | 台班 | 0.025 | 0.040 | 0.060 | 0.120 | 0.140 | 0.160 |

**工作内容**：装拆钻架、就位、移动，钻进、提钻、出碴、清孔，测量孔径、孔深等。

计量单位：10m

| 定额编号 | | | | 1-3-104 | 1-3-105 | 1-3-106 | 1-3-107 | 1-3-108 | 1-3-109 |
|---|---|---|---|---|---|---|---|---|---|
| 项目 | | | | 回旋钻机钻孔 | | | | | |
| | | | | $\phi \leqslant 1500; H \leqslant 60$m | | | | | |
| | | | | 砂土、黏土 | 砂砾 | 砾石 | 卵石 | 软岩 | 较硬岩 |
| 名称 | | | 单位 | 消耗量 | | | | | |
| 人工 | 合计工日 | | 工日 | 8.4660 | 14.2140 | 21.4370 | 26.0970 | 41.0880 | 58.3300 |
| | 其中 | 普工 | 工日 | 2.5400 | 4.2640 | 6.4310 | 7.8290 | 12.3260 | 17.4990 |
| | | 一般技工 | 工日 | 5.0800 | 8.5280 | 12.8620 | 15.6580 | 24.6530 | 34.9980 |
| | | 高级技工 | 工日 | 0.8460 | 1.4220 | 2.1440 | 2.6100 | 4.1090 | 5.8330 |
| 材料 | 低合金钢焊条 E43 系列 | | kg | 0.250 | 0.400 | 0.600 | 1.200 | 1.300 | 1.600 |
| | 铁件(综合) | | kg | 0.200 | 0.200 | 0.200 | 0.200 | 0.200 | 0.200 |
| | 枕木 | | $m^3$ | 0.010 | 0.010 | 0.010 | 0.010 | 0.010 | 0.011 |
| | 钻头 | | kg | 1.087 | 1.215 | 1.325 | 1.325 | 2.682 | 3.271 |
| 机械 | 电焊条烘干箱 45×35×45(cm) | | 台班 | 0.002 | 0.005 | 0.007 | 0.014 | 0.015 | 0.018 |
| | 回旋钻机 1500mm | | 台班 | 2.200 | 3.991 | 6.515 | 8.153 | 13.486 | 19.553 |
| | 交流弧焊机 32kV·A | | 台班 | 0.025 | 0.050 | 0.070 | 0.140 | 0.150 | 0.181 |

**工作内容**：装拆钻架、就位、移动，钻进、提钻、出碴、清孔，测量孔径、孔深等。

计量单位：10m

| 定额编号 | | | | 1-3-110 | 1-3-111 | 1-3-112 | 1-3-113 | 1-3-114 | 1-3-115 |
|---|---|---|---|---|---|---|---|---|---|
| 项目 | | | | 回旋钻机钻孔 | | | | | |
| | | | | $\phi \leqslant 2000; H \leqslant 40$m | | | | | |
| | | | | 砂土、黏土 | 砂砾 | 砾石 | 卵石 | 软岩 | 较硬岩 |
| 名称 | | | 单位 | 消耗量 | | | | | |
| 人工 | 合计工日 | | 工日 | 10.0970 | 15.7670 | 22.3690 | 26.0970 | 37.2040 | 50.4070 |
| | 其中 | 普工 | 工日 | 3.0290 | 4.7300 | 6.7110 | 7.8290 | 11.1610 | 15.1220 |
| | | 一般技工 | 工日 | 6.0580 | 9.4600 | 13.4210 | 15.6580 | 22.3220 | 30.2440 |
| | | 高级技工 | 工日 | 1.0100 | 1.5770 | 2.2370 | 2.6100 | 3.7200 | 5.0410 |
| 材料 | 低合金钢焊条 E43 系列 | | kg | 0.250 | 0.400 | 0.700 | 1.300 | 1.400 | 1.700 |
| | 铁件(综合) | | kg | 0.300 | 0.300 | 0.300 | 0.300 | 0.300 | 0.300 |
| | 枕木 | | $m^3$ | 0.020 | 0.020 | 0.020 | 0.020 | 0.020 | 0.021 |
| | 钻头 | | kg | 1.450 | 1.620 | 1.766 | 1.766 | 3.576 | 4.362 |
| 机械 | 电焊条烘干箱 45×35×45(cm) | | 台班 | 0.004 | 0.005 | 0.007 | 0.015 | 0.017 | 0.019 |
| | 回旋钻机 2000mm | | 台班 | 2.061 | 3.666 | 5.981 | 7.276 | 11.314 | 15.962 |
| | 交流弧焊机 32kV·A | | 台班 | 0.030 | 0.050 | 0.070 | 0.150 | 0.160 | 0.190 |

**工作内容：**装拆钻架、就位、移动，钻进、提钻、出碴、清孔，测量孔径、孔深等。　　**计量单位：**10m

| 定额编号 | | | | 1－3－116 | 1－3－117 | 1－3－118 | 1－3－119 | 1－3－120 | 1－3－121 |
|---|---|---|---|---|---|---|---|---|---|
| 项目 | | | | 回旋钻机钻孔 | | | | | |
| | | | | φ≤2000；H≤60m | | | | | |
| | | | | 砂土、黏土 | 砂砾 | 砾石 | 卵石 | 软岩 | 较硬岩 |
| 名称 | | | 单位 | 消耗量 | | | | | |
| 人工 | 合计工日 | | 工日 | 10.2910 | 16.9320 | 24.8550 | 29.2820 | 42.7190 | 58.8740 |
| | 其中 | 普工 | 工日 | 3.0870 | 5.0800 | 7.4570 | 8.7850 | 12.8160 | 17.6620 |
| | | 一般技工 | 工日 | 6.1750 | 10.1590 | 14.9130 | 17.5690 | 25.6310 | 35.3240 |
| | | 高级技工 | 工日 | 1.0290 | 1.6930 | 2.4850 | 2.9280 | 4.2720 | 5.8880 |
| 材料 | 低合金钢焊条 E43 系列 | | kg | 0.300 | 0.500 | 0.700 | 1.400 | 1.600 | 1.900 |
| | 铁件(综合) | | kg | 0.200 | 0.200 | 0.200 | 0.200 | 0.200 | 0.200 |
| | 枕木 | | $m^3$ | 0.013 | 0.013 | 0.013 | 0.014 | 0.013 | 0.014 |
| | 钻头 | | kg | 1.450 | 1.620 | 1.766 | 1.766 | 3.576 | 4.362 |
| 机械 | 电焊条烘干箱 45×35×45(cm) | | 台班 | 0.004 | 0.006 | 0.009 | 0.031 | 0.019 | 0.022 |
| | 回旋钻机 2000mm | | 台班 | 2.314 | 4.239 | 7.009 | 21.595 | 13.438 | 19.095 |
| | 交流弧焊机 32kV·A | | 台班 | 0.030 | 0.060 | 0.090 | 0.311 | 0.190 | 0.230 |

**工作内容：**装拆钻架、就位、移动，钻进、提钻、出碴、清孔，测量孔径、孔深等。　　**计量单位：**10m

| 定额编号 | | | | 1－3－122 | 1－3－123 | 1－3－124 | 1－3－125 |
|---|---|---|---|---|---|---|---|
| 项目 | | | | 冲击式钻机钻孔 | | | |
| | | | | φ≤1000；H≤20m | | | |
| | | | | 砂土 | 黏土 | 砂砾 | 砾石 |
| 名称 | | | 单位 | 消耗量 | | | |
| 人工 | 合计工日 | | 工日 | 11.8440 | 13.7860 | 25.7280 | 36.2130 |
| | 其中 | 普工 | 工日 | 3.5530 | 4.1360 | 7.7180 | 10.8640 |
| | | 一般技工 | 工日 | 7.1060 | 8.2720 | 15.4370 | 21.7280 |
| | | 高级技工 | 工日 | 1.1840 | 1.3790 | 2.5730 | 3.6210 |
| 材料 | 低合金钢焊条 E43 系列 | | kg | 0.300 | 0.600 | 0.700 | 1.100 |
| | 铁件(综合) | | kg | 0.200 | 0.200 | 0.200 | 0.200 |
| | 枕木 | | $m^3$ | 0.016 | 0.016 | 0.016 | 0.016 |
| | 钻头 | | kg | 2.065 | 2.174 | 2.369 | 2.583 |
| 机械 | 冲击成孔机 1000mm | | 台班 | 1.686 | 2.543 | 6.857 | 10.914 |
| | 电焊条烘干箱 45×35×45(cm) | | 台班 | 0.004 | 0.006 | 0.008 | 0.012 |
| | 交流弧焊机 32kV·A | | 台班 | 0.030 | 0.060 | 0.080 | 0.120 |

**工作内容**：装拆钻架、就位、移动，钻进、提钻、出碴、清孔，测量孔径、孔深等。 **计量单位**：10m

| 定额编号 | | | | 1-3-126 | 1-3-127 | 1-3-128 | 1-3-129 |
|---|---|---|---|---|---|---|---|
| 项目 | | | | 冲击式钻机钻孔 | | | |
| | | | | $\phi \leqslant 1000$；$H \leqslant 20m$ | | | |
| | | | | 卵石 | 软岩 | 较硬岩 | 坚硬岩 |
| 名称 | | | 单位 | 消耗量 | | | |
| 人工 | 合计工日 | | 工日 | 42.3310 | 63.3010 | 87.3780 | 147.4760 |
| | 其中 | 普工 | 工日 | 12.6990 | 18.9900 | 26.2130 | 44.2430 |
| | | 一般技工 | 工日 | 25.3990 | 37.9810 | 52.4270 | 88.4860 |
| | | 高级技工 | 工日 | 4.2330 | 6.3300 | 8.7380 | 14.7480 |
| 材料 | 低合金钢焊条 E43 系列 | | kg | 2.200 | 2.400 | 2.900 | 3.300 |
| | 铁件(综合) | | kg | 0.200 | 0.200 | 0.200 | 0.200 |
| | 枕木 | | $m^3$ | 0.016 | 0.016 | 0.016 | 0.016 |
| | 钻头 | | kg | 2.583 | 2.885 | 3.227 | 3.433 |
| 机械 | 冲击成孔机 1000mm | | 台班 | 13.267 | 21.457 | 30.752 | 54.010 |
| | 电焊条烘干箱 45×35×45(cm) | | 台班 | 0.025 | 0.027 | 0.032 | 0.037 |
| | 交流弧焊机 32kV·A | | 台班 | 0.250 | 0.270 | 0.320 | 0.371 |

**工作内容**：装拆钻架、就位、移动，钻进、提钻、出碴、清孔，测量孔径、孔深等。 **计量单位**：10m

| 定额编号 | | | | 1-3-130 | 1-3-131 | 1-3-132 | 1-3-133 |
|---|---|---|---|---|---|---|---|
| 项目 | | | | 冲击式钻机钻孔 | | | |
| | | | | $\phi \leqslant 1000$；$H \leqslant 40m$ | | | |
| | | | | 砂土 | 黏土 | 砂砾 | 砾石 |
| 名称 | | | 单位 | 消耗量 | | | |
| 人工 | 合计工日 | | 工日 | 10.5830 | 13.2040 | 30.4850 | 44.2710 |
| | 其中 | 普工 | 工日 | 3.1750 | 3.9610 | 9.1460 | 13.2810 |
| | | 一般技工 | 工日 | 6.3500 | 7.9220 | 18.2910 | 26.5630 |
| | | 高级技工 | 工日 | 1.0580 | 1.3200 | 3.0490 | 4.4270 |
| 材料 | 低合金钢焊条 E43 系列 | | kg | 0.300 | 0.600 | 0.700 | 1.100 |
| | 铁件(综合) | | kg | 0.100 | 0.100 | 0.100 | 0.100 |
| | 枕木 | | $m^3$ | 0.008 | 0.008 | 0.008 | 0.008 |
| | 钻头 | | kg | 2.065 | 2.174 | 2.369 | 2.583 |
| 机械 | 冲击成孔机 1000mm | | 台班 | 2.447 | 3.666 | 9.933 | 15.239 |
| | 电焊条烘干箱 45×35×45(cm) | | 台班 | 0.004 | 0.006 | 0.008 | 0.012 |
| | 交流弧焊机 32kV·A | | 台班 | 0.030 | 0.060 | 0.080 | 0.120 |

**工作内容：**装拆钻架、就位、移动，钻进、提钻、出碴、清孔，测量孔径、孔深等。　　**计量单位：**10m

| 定额编号 | | | | 1-3-134 | 1-3-135 | 1-3-136 | 1-3-137 |
|---|---|---|---|---|---|---|---|
| 项目 | | | | 冲击式钻机钻孔 | | | |
| | | | | $\phi \leq 1000; H \leq 40$m | | | |
| | | | | 卵石 | 软岩 | 较硬岩 | 坚硬岩 |
| 名称 | | | 单位 | 消耗量 | | | |
| 人工 | 合计工日 | | 工日 | 53.1070 | 89.9020 | 127.5730 | 207.9620 |
| | 其中 | 普工 | 工日 | 15.9320 | 26.9710 | 38.2720 | 62.3890 |
| | | 一般技工 | 工日 | 31.8640 | 53.9410 | 76.5440 | 124.7770 |
| | | 高级技工 | 工日 | 5.3110 | 8.9900 | 12.7570 | 20.7960 |
| 材料 | 低合金钢焊条 E43 系列 | | kg | 2.200 | 2.400 | 2.900 | 3.300 |
| | 铁件(综合) | | kg | 0.100 | 0.100 | 0.100 | 0.100 |
| | 枕木 | | $m^3$ | 0.008 | 0.008 | 0.008 | 0.008 |
| | 钻头 | | kg | 2.583 | 2.885 | 3.227 | 3.433 |
| 机械 | 冲击成孔机 1000mm | | 台班 | 18.685 | 43.438 | 47.543 | 78.590 |
| | 电焊条烘干箱 45×35×45(cm) | | 台班 | 0.025 | 0.050 | 0.032 | 0.037 |
| | 交流弧焊机 32kV·A | | 台班 | 0.250 | 0.499 | 0.320 | 0.371 |

**工作内容：**装拆钻架、就位、移动，钻进、提钻、出碴、清孔，测量孔径、孔深等。　　**计量单位：**10m

| 定额编号 | | | | 1-3-138 | 1-3-139 | 1-3-140 | 1-3-141 |
|---|---|---|---|---|---|---|---|
| 项目 | | | | 冲击式钻机钻孔 | | | |
| | | | | $\phi \leq 1000; H \leq 60$m | | | |
| | | | | 砂土 | 黏土 | 砂砾 | 砾石 |
| 名称 | | | 单位 | 消耗量 | | | |
| 人工 | 合计工日 | | 工日 | 9.4500 | 12.6490 | 36.1250 | 54.1450 |
| | 其中 | 普工 | 工日 | 2.8350 | 3.7950 | 10.8380 | 16.2440 |
| | | 一般技工 | 工日 | 5.6700 | 7.5890 | 21.6750 | 32.4870 |
| | | 高级技工 | 工日 | 0.9450 | 1.2650 | 3.6130 | 5.4150 |
| 材料 | 低合金钢焊条 E43 系列 | | kg | 0.268 | 0.575 | 0.829 | 1.345 |
| | 铁件(综合) | | kg | 0.089 | 0.095 | 0.119 | 0.122 |
| | 枕木 | | $m^3$ | 0.007 | 0.008 | 0.009 | 0.010 |
| | 钻头 | | kg | 1.844 | 2.083 | 2.807 | 3.159 |
| 机械 | 冲击成孔机 1000mm | | 台班 | 2.185 | 3.513 | 15.239 | 27.823 |
| | 电焊条烘干箱 45×35×45(cm) | | 台班 | 0.002 | 0.006 | 0.012 | 0.021 |
| | 交流弧焊机 32kV·A | | 台班 | 0.027 | 0.058 | 0.120 | 0.209 |

**工作内容**:装拆钻架、就位、移动,钻进、提钻、出碴、清孔,测量孔径、孔深等。 **计量单位**:10m

| 定额编号 | | | | 1-3-142 | 1-3-143 | 1-3-144 | 1-3-145 |
|---|---|---|---|---|---|---|---|
| 项目 | | | | 冲击式钻机钻孔 | | | |
| | | | | $\phi \leqslant 1000;H \leqslant 60m$ | | | |
| | | | | 卵石 | 软岩 | 较硬岩 | 坚硬岩 |
| 名称 | | | 单位 | 消耗量 | | | |
| 人工 | 合计工日 | | 工日 | 66.6490 | 127.6620 | 146.1990 | 237.2840 |
| | 其中 | 普工 | 工日 | 19.9950 | 38.2990 | 43.8600 | 71.1850 |
| | | 一般技工 | 工日 | 39.9890 | 76.5970 | 87.7190 | 142.3700 |
| | | 高级技工 | 工日 | 6.6650 | 12.7660 | 14.6200 | 23.7280 |
| 材料 | 低合金钢焊条 E43 系列 | | kg | 2.761 | 3.408 | 3.324 | 3.766 |
| | 铁件(综合) | | kg | 0.126 | 0.142 | 0.115 | 0.114 |
| | 枕木 | | $m^3$ | 0.010 | 0.011 | 0.009 | 0.009 |
| | 钻头 | | kg | 3.241 | 4.097 | 3.698 | 3.917 |
| 机械 | 冲击成孔机 1000mm | | 台班 | 32.981 | 43.293 | 54.484 | 89.672 |
| | 电焊条烘干箱 45×35×45(cm) | | 台班 | 0.027 | 0.038 | 0.037 | 0.422 |
| | 交流弧焊机 32kV·A | | 台班 | 0.270 | 0.384 | 0.367 | 0.422 |

**工作内容**:装拆钻架、就位、移动,钻进、提钻、出碴、清孔,测量孔径、孔深等。 **计量单位**:10m

| 定额编号 | | | | 1-3-146 | 1-3-147 | 1-3-148 | 1-3-149 |
|---|---|---|---|---|---|---|---|
| 项目 | | | | 冲击式钻机钻孔 | | | |
| | | | | $\phi \leqslant 1500;H \leqslant 20m$ | | | |
| | | | | 砂土 | 黏土 | 砂砾 | 砾石 |
| 名称 | | | 单位 | 消耗量 | | | |
| 人工 | 合计工日 | | 工日 | 10.5830 | 13.2040 | 30.4850 | 44.2710 |
| | 其中 | 普工 | 工日 | 3.1750 | 3.9610 | 9.1460 | 13.2810 |
| | | 一般技工 | 工日 | 6.3500 | 7.9220 | 18.2910 | 26.5630 |
| | | 高级技工 | 工日 | 1.0580 | 1.3200 | 3.0490 | 4.4270 |
| 材料 | 低合金钢焊条 E43 系列 | | kg | 0.300 | 0.600 | 0.700 | 1.100 |
| | 铁件(综合) | | kg | 0.100 | 0.100 | 0.100 | 0.100 |
| | 枕木 | | $m^3$ | 0.008 | 0.008 | 0.008 | 0.008 |
| | 钻头 | | kg | 3.098 | 3.261 | 3.554 | 3.875 |
| 机械 | 冲击成孔机 1500mm | | 台班 | 2.447 | 3.666 | 9.933 | 14.337 |
| | 电焊条烘干箱 45×35×45(cm) | | 台班 | 0.004 | 0.006 | 0.008 | 0.023 |
| | 交流弧焊机 32kV·A | | 台班 | 0.030 | 0.060 | 0.080 | 0.227 |

**工作内容:**装拆钻架、就位、移动,钻进、提钻、出碴、清孔,测量孔径、孔深等。 **计量单位:**10m

| 定额编号 | | | | 1-3-150 | 1-3-151 | 1-3-152 | 1-3-153 |
|---|---|---|---|---|---|---|---|
| 项目 | | | | 冲击式钻机钻孔 | | | |
| | | | | $\phi\leq1500;H\leq20$m | | | |
| | | | | 卵石 | 软岩 | 较硬岩 | 坚硬岩 |
| 名称 | | | 单位 | 消耗量 | | | |
| 人工 | 合计工日 | | 工日 | 51.3000 | 89.9020 | 127.5730 | 207.9620 |
| | 其中 | 普工 | 工日 | 15.3900 | 26.9710 | 38.2720 | 62.3890 |
| | | 一般技工 | 工日 | 30.7800 | 53.9410 | 76.5440 | 124.7770 |
| | | 高级技工 | 工日 | 5.1300 | 8.9900 | 12.7570 | 20.7960 |
| 材料 | 低合金钢焊条 E43 系列 | | kg | 3.600 | 2.400 | 2.900 | 3.300 |
| | 铁件(综合) | | kg | — | 0.100 | 0.100 | 0.100 |
| | 枕木 | | $m^3$ | — | 0.008 | 0.008 | 0.008 |
| | 钻头 | | kg | 15.630 | 4.328 | 4.841 | 5.150 |
| 机械 | 冲击成孔机 1500mm | | 台班 | 18.312 | 32.508 | 47.543 | 78.590 |
| | 电焊条烘干箱 45×35×45(cm) | | 台班 | 0.050 | 0.050 | 0.032 | 0.037 |
| | 交流弧焊机 32kV·A | | 台班 | 0.499 | 0.499 | 0.320 | 0.371 |

**工作内容:**装拆钻架、就位、移动,钻进、提钻、出碴、清孔,测量孔径、孔深等。 **计量单位:**10m

| 定额编号 | | | | 1-3-154 | 1-3-155 | 1-3-156 | 1-3-157 |
|---|---|---|---|---|---|---|---|
| 项目 | | | | 冲击式钻机钻孔 | | | |
| | | | | $\phi\leq1500;H\leq40$m | | | |
| | | | | 砂土 | 黏土 | 砂砾 | 砾石 |
| 名称 | | | 单位 | 消耗量 | | | |
| 人工 | 合计工日 | | 工日 | 13.8830 | 16.3100 | 38.8350 | 55.9220 |
| | 其中 | 普工 | 工日 | 4.1650 | 4.8930 | 11.6510 | 16.7770 |
| | | 一般技工 | 工日 | 8.3300 | 9.7860 | 23.3010 | 33.5530 |
| | | 高级技工 | 工日 | 1.3880 | 1.6310 | 3.8840 | 5.5920 |
| 材料 | 低合金钢焊条 E43 系列 | | kg | 0.300 | 0.600 | 0.800 | 1.200 |
| | 铁件(综合) | | kg | 0.200 | 0.200 | 0.200 | 0.200 |
| | 枕木 | | $m^3$ | 0.011 | 0.011 | 0.011 | 0.011 |
| | 钻头 | | kg | 3.098 | 3.261 | 3.554 | 3.875 |
| 机械 | 冲击成孔机 1500mm | | 台班 | 2.962 | 4.362 | 12.123 | 18.743 |
| | 电焊条烘干箱 45×35×45(cm) | | 台班 | 0.004 | 0.007 | 0.009 | 0.014 |
| | 交流弧焊机 32kV·A | | 台班 | 0.030 | 0.070 | 0.090 | 0.140 |

**工作内容**：装拆钻架、就位、移动，钻进、提钻、出碴、清孔，测量孔径、孔深等。 **计量单位**：10m

| 定额编号 | | | | 1-3-158 | 1-3-159 | 1-3-160 | 1-3-161 |
|---|---|---|---|---|---|---|---|
| 项目 | | | | 冲击式钻机钻孔 | | | |
| | | | | $\phi\leqslant1500;H\leqslant40m$ | | | |
| | | | | 卵石 | 软岩 | 较硬岩 | 坚硬岩 |
| 名称 | | | 单位 | 消耗量 | | | |
| 人工 | 合计工日 | | 工日 | 66.3110 | 111.8450 | 158.0580 | 254.4660 |
| | 其中 | 普工 | 工日 | 19.8930 | 33.5540 | 47.4170 | 76.3400 |
| | | 一般技工 | 工日 | 39.7870 | 67.1070 | 94.8350 | 152.6800 |
| | | 高级技工 | 工日 | 6.6310 | 11.1850 | 15.8060 | 25.4470 |
| 材料 | 低合金钢焊条 E43 系列 | | kg | 2.500 | 2.700 | 3.200 | 3.700 |
| | 铁件(综合) | | kg | 0.200 | 0.200 | 0.200 | 0.200 |
| | 枕木 | | $m^3$ | 0.011 | 0.011 | 0.011 | 0.011 |
| | 钻头 | | kg | 3.875 | 4.328 | 4.841 | 5.150 |
| 机械 | 冲击成孔机 1500mm | | 台班 | 22.743 | 40.572 | 58.438 | 95.677 |
| | 电焊条烘干箱 45×35×45(cm) | | 台班 | 0.028 | 0.031 | 0.037 | 0.042 |
| | 交流弧焊机 32kV·A | | 台班 | 0.280 | 0.310 | 0.360 | 0.420 |

**工作内容**：装拆钻架、就位、移动，钻进、提钻、出碴、清孔，测量孔径、孔深等。 **计量单位**：10m

| 定额编号 | | | | 1-3-162 | 1-3-163 | 1-3-164 | 1-3-165 |
|---|---|---|---|---|---|---|---|
| 项目 | | | | 冲击式钻机钻孔 | | | |
| | | | | $\phi\leqslant1500;H\leqslant60m$ | | | |
| | | | | 砂土 | 黏土 | 砂砾 | 砾石 |
| 名称 | | | 单位 | 消耗量 | | | |
| 人工 | 合计工日 | | 工日 | 18.2150 | 20.1440 | 49.4760 | 70.6300 |
| | 其中 | 普工 | 工日 | 5.4650 | 6.0430 | 14.8430 | 21.1890 |
| | | 一般技工 | 工日 | 10.9290 | 12.0860 | 29.6860 | 42.3780 |
| | | 高级技工 | 工日 | 1.8220 | 2.0140 | 4.9480 | 7.0630 |
| 材料 | 低合金钢焊条 E43 系列 | | kg | 0.393 | 0.741 | 1.020 | 1.515 |
| | 铁件(综合) | | kg | 0.263 | 0.247 | 0.255 | 0.253 |
| | 枕木 | | $m^3$ | 0.014 | 0.014 | 0.014 | 0.014 |
| | 钻头 | | kg | 4.065 | 4.036 | 4.528 | 4.894 |
| 机械 | 冲击成孔机 1500mm | | 台班 | 3.886 | 15.446 | 23.001 | 23.672 |
| | 电焊条烘干箱 45×35×45(cm) | | 台班 | 0.004 | 0.012 | 0.014 | 0.018 |
| | 交流弧焊机 32kV·A | | 台班 | 0.039 | 0.114 | 0.136 | 0.177 |

**工作内容：**装拆钻架、就位、移动，钻进、提钻、出碴、清孔，测量孔径、孔深等。 **计量单位：**10m

| 定额编号 | | | | 1-3-166 | 1-3-167 | 1-3-168 | 1-3-169 |
|---|---|---|---|---|---|---|---|
| 项目 | | | | 冲击式钻机钻孔 | | | |
| | | | | $\phi \leq 1500$；$H \leq 60$m | | | |
| | | | | 卵石 | 软岩 | 较硬岩 | 坚硬岩 |
| 名称 | | | 单位 | 消耗量 | | | |
| 人工 | 合计工日 | | 工日 | 82.8220 | 139.1340 | 195.8340 | 311.4670 |
| | 其中 | 普工 | 工日 | 24.8470 | 41.7400 | 58.7500 | 93.4400 |
| | | 一般技工 | 工日 | 49.6930 | 83.4800 | 117.5000 | 186.8800 |
| | | 高级技工 | 工日 | 8.2820 | 13.9130 | 19.5830 | 31.1470 |
| 材料 | 低合金钢焊条 E43 系列 | | kg | 3.123 | 3.359 | 3.944 | 4.529 |
| | 铁件（综合） | | kg | 0.250 | 0.249 | 0.248 | 0.245 |
| | 枕木 | | $m^3$ | 0.014 | 0.014 | 0.014 | 0.013 |
| | 钻头 | | kg | 4.840 | 5.384 | 5.998 | 6.303 |
| 机械 | 冲击成孔机 1500mm | | 台班 | 28.406 | 50.471 | 124.069 | 117.108 |
| | 电焊条烘干箱 45×35×45(cm) | | 台班 | 0.035 | 0.039 | 0.050 | 0.052 |
| | 交流弧焊机 32kV·A | | 台班 | 0.349 | 0.386 | 0.446 | 0.514 |

**工作内容：**装、拆、移钻架，安卷扬机，串钢丝绳，准备抓具、冲抓、提钻、出碴、清孔等。 **计量单位：**10m

| 定额编号 | | | | 1-3-170 | 1-3-171 | 1-3-172 | 1-3-173 | 1-3-174 |
|---|---|---|---|---|---|---|---|---|
| 项目 | | | | 卷扬机带冲抓锥冲孔 | | | | |
| | | | | $H \leq 20$m | | | | |
| | | | | 砂土 | 黏土 | 砂砾 | 砾石 | 卵石 |
| 名称 | | | 单位 | 消耗量 | | | | |
| 人工 | 合计工日 | | 工日 | 17.4000 | 20.3000 | 40.3000 | 59.5000 | 78.0000 |
| | 其中 | 普工 | 工日 | 5.2200 | 6.0900 | 12.0900 | 17.8500 | 23.4000 |
| | | 一般技工 | 工日 | 10.4400 | 12.1800 | 24.1800 | 35.7000 | 46.8000 |
| | | 高级技工 | 工日 | 1.7400 | 2.0300 | 4.0300 | 5.9500 | 7.8000 |
| 材料 | 低合金钢焊条 E43 系列 | | kg | 0.300 | 0.400 | 1.400 | 2.400 | 3.600 |
| | 铁件（综合） | | kg | 3.600 | 3.600 | 3.600 | 3.600 | 3.600 |
| | 钻头 | | kg | 15.000 | 16.000 | 21.000 | 21.000 | 25.000 |
| 机械 | 电动双筒快速卷扬机 50kN | | 台班 | 1.813 | 2.875 | 8.652 | 16.277 | 21.797 |
| | 电焊条烘干箱 45×35×45(cm) | | 台班 | 0.004 | 0.006 | 0.020 | 0.024 | 0.050 |
| | 交流弧焊机 32kV·A | | 台班 | 0.045 | 0.064 | 0.200 | 0.245 | 0.499 |

**工作内容**:装、拆、移钻架,安卷扬机,串钢丝绳,准备抓具、冲抓、提钻、出碴、清孔等。 **计量单位**:10m

| 定额编号 | | | 1-3-175 | 1-3-176 | 1-3-177 | 1-3-178 | 1-3-179 |
|---|---|---|---|---|---|---|---|
| 项目 | | | 卷扬机带冲抓锥冲孔 | | | | |
| | | | H≤30m | | | | |
| | | | 砂土 | 黏土 | 砂砾 | 砾石 | 卵石 |
| 名称 | | 单位 | 消耗量 | | | | |
| 人工 | 合计工日 | 工日 | 18.2000 | 21.1000 | 48.6000 | 75.0000 | 97.1000 |
| | 其中 普工 | 工日 | 5.4600 | 6.3300 | 14.5800 | 22.5000 | 29.1300 |
| | 其中 一般技工 | 工日 | 10.9200 | 12.6600 | 29.1600 | 45.0000 | 58.2600 |
| | 其中 高级技工 | 工日 | 1.8200 | 2.1100 | 4.8600 | 7.5000 | 9.7100 |
| 材料 | 低合金钢焊条 E43 系列 | kg | 0.300 | 0.600 | 1.400 | 2.400 | 3.600 |
| | 铁件(综合) | kg | 3.600 | 3.600 | 3.600 | 3.600 | 3.600 |
| | 钻头 | kg | 15.000 | 15.000 | 21.000 | 21.000 | 26.540 |
| 机械 | 电动双筒快速卷扬机 50kN | 台班 | 3.282 | 3.945 | 11.482 | 22.363 | 28.591 |
| | 电焊条烘干箱 45×35×45(cm) | 台班 | 0.004 | 0.007 | 0.020 | 0.025 | 0.050 |
| | 交流弧焊机 32kV·A | 台班 | 0.045 | 0.073 | 0.200 | 0.245 | 0.499 |

**工作内容**:装、拆、移钻架,安卷扬机,串钢丝绳,准备抓具、冲抓、提钻、出碴、清孔等。 **计量单位**:10m

| 定额编号 | | | 1-3-180 | 1-3-181 | 1-3-182 | 1-3-183 | 1-3-184 |
|---|---|---|---|---|---|---|---|
| 项目 | | | 卷扬机带冲抓锥冲孔 | | | | |
| | | | H≤40m | | | | |
| | | | 砂土 | 黏土 | 砂砾 | 砾石 | 卵石 |
| 名称 | | 单位 | 消耗量 | | | | |
| 人工 | 合计工日 | 工日 | 20.0010 | 25.6000 | 60.0000 | 95.5000 | 124.7000 |
| | 其中 普工 | 工日 | 6.0000 | 7.6800 | 18.0000 | 28.6500 | 37.4100 |
| | 其中 一般技工 | 工日 | 12.0000 | 15.3600 | 36.0000 | 57.3000 | 74.8200 |
| | 其中 高级技工 | 工日 | 2.0000 | 2.5600 | 6.0000 | 9.5500 | 12.4700 |
| 材料 | 低合金钢焊条 E43 系列 | kg | 0.300 | 0.600 | 1.400 | 2.400 | 3.600 |
| | 铁件(综合) | kg | 3.600 | 3.600 | 3.600 | 3.600 | 3.600 |
| | 钻头 | kg | 15.000 | 15.000 | 21.000 | 21.000 | 26.250 |
| 机械 | 电动双筒快速卷扬机 50kN | 台班 | 4.175 | 6.272 | 17.975 | 30.289 | 45.434 |
| | 电焊条烘干箱 45×35×45(cm) | 台班 | 0.004 | 0.007 | 0.020 | 0.034 | 0.050 |
| | 交流弧焊机 32kV·A | 台班 | 0.045 | 0.073 | 0.200 | 0.336 | 0.499 |

**工作内容**:装、拆、移钻架,安卷扬机,串钢丝绳,准备抓具、冲抓、提钻、出碴、清孔等。　**计量单位**:10m

| 定额编号 | | | | 1-3-185 | 1-3-186 | 1-3-187 | 1-3-188 | 1-3-189 |
|---|---|---|---|---|---|---|---|---|
| 项目 | | | | 卷扬机带冲抓锥冲孔 | | | | |
| | | | | $H \leqslant 50m$ | | | | |
| | | | | 砂土 | 黏土 | 砂砾 | 砾石 | 卵石 |
| 名称 | | | 单位 | 消耗量 | | | | |
| 人工 | 合计工日 | | 工日 | 19.1510 | 29.5010 | 64.6910 | 109.7500 | 165.2760 |
| | 其中 | 普工 | 工日 | 5.7450 | 8.8500 | 19.4070 | 32.9250 | 49.5830 |
| | | 一般技工 | 工日 | 11.4900 | 17.7010 | 38.8150 | 65.8500 | 99.1650 |
| | | 高级技工 | 工日 | 1.9150 | 2.9500 | 6.4690 | 10.9750 | 16.5280 |
| 材料 | 低合金钢焊条 E43 系列 | | kg | 0.300 | 0.600 | 1.400 | 2.400 | 3.600 |
| | 铁件(综合) | | kg | 3.600 | 3.600 | 3.600 | 3.600 | 3.600 |
| | 钻头 | | kg | 15.000 | 15.000 | 21.000 | 21.000 | 26.250 |
| 机械 | 电动双筒快速卷扬机 50kN | | 台班 | 6.422 | 9.651 | 27.600 | 46.566 | 69.920 |
| | 电焊条烘干箱 45×35×45(cm) | | 台班 | 0.004 | 0.007 | 0.020 | 0.034 | 0.050 |
| | 交流弧焊机 32kV·A | | 台班 | 0.045 | 0.073 | 0.200 | 0.336 | 0.499 |

**工作内容**:准备挤扩机具、制作泥浆、加泥浆、吊装、就位、挤扩、回钻、清桩孔泥浆。　**计量单位**:10m³

| 定额编号 | | | | 1-3-190 | 1-3-191 |
|---|---|---|---|---|---|
| 项目 | | | | 挤扩支盘钻孔 | |
| | | | | 桩径≤800mm | 桩径>800mm |
| 名称 | | | 单位 | 消耗量 | |
| 人工 | 合计工日 | | 工日 | 2.0800 | 1.7060 |
| | 其中 | 普工 | 工日 | 0.6240 | 0.5110 |
| | | 一般技工 | 工日 | 1.2480 | 1.0240 |
| | | 高级技工 | 工日 | 0.2080 | 0.1710 |
| 材料 | 水 | | $m^3$ | 4.473 | 2.723 |
| | 黏土 | | $m^3$ | 0.135 | 0.135 |
| 机械 | 挤扩机 ZJ600-Ⅱ | | 台班 | 0.956 | 0.783 |
| | 泥浆泵 100mm | | 台班 | 0.956 | 0.783 |
| | 汽车式起重机 16t | | 台班 | 0.956 | 0.783 |

**工作内容:**准备打桩机具、移动打桩机、桩位校测、打钢管成孔、拔钢管。

计量单位:10m³

| 定额编号 | | | | 1-3-192 | 1-3-193 | 1-3-194 | 1-3-195 | 1-3-196 |
|---|---|---|---|---|---|---|---|---|
| 项目 | | | | 沉管桩成孔 | | | | |
| | | | | 振动式 | | | 锤击式 | 夯扩式 |
| | | | | 桩长≤12m | 桩长≤25m | 桩长>25m | | |
| 名称 | | | 单位 | 消耗量 | | | | |
| 人工 | 合计工日 | | 工日 | 5.6230 | 4.3730 | 3.9190 | 5.1690 | 9.5420 |
| | 其中 | 普工 | 工日 | 1.6870 | 1.3120 | 1.1760 | 1.5510 | 2.8630 |
| | | 一般技工 | 工日 | 3.3740 | 2.6240 | 2.3510 | 3.1010 | 5.7250 |
| | | 高级技工 | 工日 | 0.5620 | 0.4370 | 0.3920 | 0.5170 | 0.9540 |
| 材料 | 垫木 | | m³ | 0.030 | 0.030 | 0.030 | 0.030 | 0.030 |
| | 金属周转材料 | | kg | 6.600 | 7.000 | 7.500 | 7.500 | 7.500 |
| 机械 | 履带式柴油打桩机 2.5t | | 台班 | — | — | — | 0.760 | 1.400 |
| | 振动沉拔桩机 400kN | | 台班 | 0.830 | 0.640 | 0.580 | — | — |

**工作内容:**准备打桩机具、移动打桩机、钻孔、测量、校正、清理钻孔泥土、就地弃土5m以内。

计量单位:10m³

| 定额编号 | | | | 1-3-197 | 1-3-198 |
|---|---|---|---|---|---|
| 项目 | | | | 螺旋钻机钻桩孔 | |
| | | | | 桩长≤12m | 桩长>12m |
| 名称 | | | 单位 | 消耗量 | |
| 人工 | 合计工日 | | 工日 | 10.4020 | 9.1650 |
| | 其中 | 普工 | 工日 | 3.1210 | 2.7490 |
| | | 一般技工 | 工日 | 6.2410 | 5.4990 |
| | | 高级技工 | 工日 | 1.0400 | 0.9170 |
| 材料 | 低合金钢焊条 E43 系列 | | kg | 1.152 | 1.008 |
| | 金属周转材料 | | kg | 3.537 | 3.537 |
| 机械 | 交流弧焊机 32kV·A | | 台班 | 0.192 | 0.168 |
| | 螺旋钻机 600mm | | 台班 | 1.850 | 1.630 |

**工作内容**：准备机具、移动桩机、定位、钻孔、校测、浆液配制、压浆、投放石子骨料。　　**计量单位**：100m

| 定额编号 | | | | 1-3-199 | 1-3-200 | 1-3-201 |
|---|---|---|---|---|---|---|
| 项　目 | | | | 钻孔压浆桩 | | |
| | | | | 主杆直径≤300mm | 主杆直径≤400mm | 主杆直径≤600mm |
| 名　称 | | | 单位 | 消　耗　量 | | |
| 人工 | 合计工日 | | 工日 | 161.8660 | 179.4740 | 192.6500 |
| | 其中 | 普工 | 工日 | 48.5590 | 53.8430 | 57.7950 |
| | | 一般技工 | 工日 | 97.1200 | 107.6840 | 115.5900 |
| | | 高级技工 | 工日 | 16.1870 | 17.9470 | 19.2650 |
| 材料 | 低碳钢焊条（综合） | | kg | 75.500 | 100.000 | 125.800 |
| | 石子 | | $m^3$ | 7.100 | 13.000 | 20.300 |
| | 水 | | $m^3$ | 20.000 | 25.000 | 30.000 |
| | 水泥 P.O 42.5 | | t | 15.130 | 20.240 | 25.360 |
| | 外加剂 SN-2 | | kg | 500.000 | 600.000 | 700.000 |
| | 注浆管 | | kg | 317.100 | 420.000 | 528.400 |
| | 黏土 | | $m^3$ | 5.000 | 5.500 | 6.000 |
| 机械 | 电动多级离心清水泵 100mm、120m 以下 | | 台班 | 8.000 | 9.000 | 10.000 |
| | 灰浆搅拌机 200L | | 台班 | 6.500 | 7.500 | 8.500 |
| | 交流弧焊机 32kV·A | | 台班 | 5.000 | 6.000 | 7.000 |
| | 泥浆泵 100mm | | 台班 | 8.000 | 9.000 | 10.000 |
| | 汽车式钻机 1000mm | | 台班 | 6.500 | 7.500 | 8.500 |
| | 双液压注浆泵 PH2X5 | | 台班 | 8.000 | 9.000 | 10.000 |

**工作内容**：搭拆溜槽和工作平台、拌和泥浆、倒运护壁泥浆等。　　**计量单位**：$10m^3$

| 定额编号 | | | | 1-3-202 |
|---|---|---|---|---|
| 项　目 | | | | 泥浆制作 |
| 名　称 | | | 单位 | 消　耗　量 |
| 人工 | 合计工日 | | 工日 | 1.5390 |
| | 其中 | 普工 | 工日 | 0.4620 |
| | | 一般技工 | 工日 | 0.9230 |
| | | 高级技工 | 工日 | 0.1540 |
| 材料 | 水 | | $m^3$ | 8.571 |
| | 黏土 | | $m^3$ | 1.770 |
| 机械 | 灰浆搅拌机 200L | | 台班 | 0.169 |
| | 泥浆泵 100mm | | 台班 | 1.000 |
| | 潜水泵 100mm | | 台班 | 1.000 |

**工作内容：**安拆导管、漏斗，灌注混凝土等。 **计量单位：**10m³

| 定额编号 | | | | 1-3-203 | 1-3-204 | 1-3-205 | 1-3-206 | 1-3-207 |
|---|---|---|---|---|---|---|---|---|
| 项目 | | | | 灌注桩混凝土 | | | | |
| | | | | 回旋（旋挖）钻孔 | 冲击钻孔 | 冲抓钻孔 | 沉管成孔 | 螺旋钻孔 |
| 名称 | | | 单位 | 消耗量 | | | | |
| 人工 | 合计工日 | | 工日 | 4.5660 | 4.7580 | 4.9440 | 2.1590 | 2.0290 |
| | 其中 | 普工 | 工日 | 1.3700 | 1.4280 | 1.4830 | 0.6480 | 0.6090 |
| | | 一般技工 | 工日 | 2.7400 | 2.8550 | 2.9670 | 1.2950 | 1.2170 |
| | | 高级技工 | 工日 | 0.4570 | 0.4760 | 0.4940 | 0.2160 | 0.2030 |
| 材料 | 导管 | | kg | 3.800 | 3.800 | 3.800 | — | — |
| | 金属周转材料 | | kg | — | — | — | 3.800 | 3.800 |
| | 六角螺栓 | | kg | 0.410 | 0.410 | 0.410 | — | — |
| | 水 | | m³ | 3.000 | 3.000 | 3.000 | — | — |
| | 预拌混凝土 C30 | | m³ | — | — | — | — | 12.120 |
| | 预拌水下混凝土 C20 | | m³ | 12.120 | 12.625 | 13.130 | — | — |
| | 预拌水下混凝土 C30 | | m³ | — | — | — | 11.615 | — |
| 机械 | 履带式起重机 15t | | 台班 | 0.256 | 0.267 | 0.278 | — | — |

**工作内容：**人工挖土石，打孔、胀孔，装土石、吊运土石出孔，清理、少量排水，修整孔壁、验平基底、临时支撑及警戒防护等。 **计量单位：**10m³

| 定额编号 | | | | 1-3-208 | 1-3-209 | 1-3-210 |
|---|---|---|---|---|---|---|
| 项目 | | | | 人工挖孔桩 | | |
| | | | | 挖孔 | | |
| | | | | 砂（黏）土、砂砾 | 砾（卵）石 | 软石 |
| 名称 | | | 单位 | 消耗量 | | |
| 人工 | 合计工日 | | 工日 | 9.0000 | 11.0000 | 20.1000 |
| | 其中 | 普工 | 工日 | 2.7000 | 3.3000 | 6.0300 |
| | | 一般技工 | 工日 | 6.3000 | 7.7000 | 14.0700 |
| 材料 | 板枋材 | | m³ | 0.001 | 0.001 | 0.001 |
| | 高压胶皮风管 $\phi$25-6P-20m | | m | — | — | 0.273 |
| | 高压胶皮水管 $\phi$19-6P-20m | | m | — | — | 0.273 |
| | 合金钢钻头 | | 个 | — | — | 1.350 |
| | 六角空心钢（综合） | | kg | — | — | 1.942 |
| | 膨胀水泥 | | kg | — | — | 307.200 |
| | 水 | | m³ | — | — | 3.246 |
| | 其他材料费 | | % | — | — | 1.500 |
| 机械 | 电动单筒慢速卷扬机 50kN | | 台班 | 2.880 | 3.510 | 4.270 |
| | 电动修钎机 | | 台班 | — | — | 0.050 |
| | 风动锻钎机 | | 台班 | — | — | 0.195 |
| | 内燃空气压缩机 17m³/min | | 台班 | — | — | 0.914 |
| | 手持式风动凿岩机 | | 台班 | — | — | 1.827 |

**工作内容**:1.现浇护壁:模板制作、安折;混凝土浇捣、养护等。
2.灌注桩混凝土:安折导管及漏斗;灌注混凝土、养护等。 **计量单位**:$10m^3$

| 定额编号 | | | | 1-3-211 | 1-3-212 |
|---|---|---|---|---|---|
| 项目 | | | | 人工挖孔桩 | |
| | | | | 现浇混凝土护壁 | 灌注桩混凝土 |
| 名称 | | | 单位 | 消耗量 | |
| 人工 | 合计工日 | | 工日 | 9.1800 | 3.8430 |
| | 其中 | 普工 | 工日 | 2.7540 | 1.1530 |
| | | 一般技工 | 工日 | 5.5080 | 2.3060 |
| | | 高级技工 | 工日 | 0.9180 | 0.3840 |
| 材料 | 导管 | | kg | — | 3.800 |
| | 六角螺栓 | | kg | — | 0.410 |
| | 铁件(综合) | | kg | 32.100 | — |
| | 型钢(综合) | | t | 0.032 | — |
| | 预拌混凝土 C20 | | $m^3$ | 10.100 | 10.100 |
| | 枕木 | | $m^3$ | 0.059 | — |
| | 组合钢模板 | | kg | 4.901 | — |
| 机械 | 电动单筒慢速卷扬机 50kN | | 台班 | 1.279 | 0.584 |

**工作内容**:运料、浆液制作、注浆、检查、堵孔等。 **计量单位**:$m^3$

| 定额编号 | | | | 1-3-213 | 1-3-214 | 1-3-215 |
|---|---|---|---|---|---|---|
| 项目 | | | | 灌注桩预留孔注浆 | | |
| | | | | 水泥浆 | 水泥水玻璃双液浆 | 水泥砂浆 |
| 名称 | | | 单位 | 消耗量 | | |
| 人工 | 合计工日 | | 工日 | 1.1760 | 1.4260 | 1.1760 |
| | 其中 | 普工 | 工日 | 0.3530 | 0.4280 | 0.3530 |
| | | 一般技工 | 工日 | 0.7060 | 0.8550 | 0.7060 |
| | | 高级技工 | 工日 | 0.1180 | 0.1430 | 0.1180 |
| 材料 | 硅酸钠(水玻璃) | | kg | — | 390.000 | — |
| | 磷酸氢二钠 | | kg | — | 6.600 | — |
| | 水 | | $m^3$ | 0.905 | 0.695 | 0.905 |
| | 水泥 P.O 42.5 | | t | 0.765 | 0.441 | — |
| | 预拌砂浆(干拌) | | $m^3$ | — | — | 1.020 |
| | 枕木 | | $m^3$ | 0.008 | 0.011 | 0.011 |
| 机械 | 电动灌浆机 | | 台班 | 0.121 | 0.138 | 0.121 |
| | 干混砂浆罐式搅拌机 | | 台班 | — | — | 0.041 |
| | 灰浆搅拌机 200L | | 台班 | 0.100 | 0.100 | — |

**工作内容**:截桩头、凿平、弯曲钢筋,桩头、余渣场内运输等。 **计量单位**:$10m^3$

| 定额编号 | | | | 1-3-216 |
|---|---|---|---|---|
| 项目 | | | | 凿除桩顶钢筋混凝土 |
| | | | | 钻孔灌注桩 |
| 名称 | | | 单位 | 消耗量 |
| 人工 | 合计工日 | | 工日 | 12.8580 |
| | 其中 | 普工 | 工日 | 3.8580 |
| | | 一般技工 | 工日 | 7.7150 |
| | | 高级技工 | 工日 | 1.2860 |
| 材料 | 风镐凿子 | | 根 | 3.000 |
| 机械 | 电动空气压缩机 $9m^3/min$ | | 台班 | 1.945 |
| | 履带式起重机 15t | | 台班 | 0.973 |

**工作内容**:1. 声测管制作,焊接,埋设安装清洗管道等全部过程。
2. 注浆管制作,焊接,埋设安装,清洗管道等全部过程。
3. 准备机具,浆液配置,压注浆等全部过程。 **计量单位**:100m

| 定额编号 | | | | 1-3-217 | 1-3-218 | 1-3-219 |
|---|---|---|---|---|---|---|
| 项目 | | | | 声测管埋设 | | |
| | | | | 钢管 | 钢质波纹管 | 塑料管 |
| 名称 | | | 单位 | 消耗量 | | |
| 人工 | 合计工日 | | 工日 | 0.9930 | 0.9930 | 0.8450 |
| | 其中 | 普工 | 工日 | 0.2980 | 0.2980 | 0.2530 |
| | | 一般技工 | 工日 | 0.5960 | 0.5960 | 0.5070 |
| | | 高级技工 | 工日 | 0.0990 | 0.0990 | 0.0850 |
| 材料 | 底盖 | | 个 | 1.000 | 1.000 | 1.000 |
| | 镀锌铁丝 $\phi$1.6~1.2 | | kg | 3.920 | 3.920 | 3.920 |
| | 防尘盖 | | 个 | 3.000 | 3.000 | 3.000 |
| | 钢管 $D60\times3.5$ | | m | 106.000 | — | — |
| | 钢质波纹管 $DN60$ | | m | — | 106.000 | — |
| | 接头管箍 | | 个 | 17.000 | — | — |
| | 密封圈 | | 个 | 15.000 | 15.000 | 15.000 |
| | 塑料管 | | m | — | — | 106.000 |
| | 套接管 $DN60$ | | 个 | — | 12.000 | 12.000 |

# 第四章　砌 筑 工 程

# 说　　明

一、本章定额包括砖砌体、砌块砌体、石砌体和垫层等项目。

二、定额中砖、砌块和石料按标准或常用规格编制，设计规格与定额不同时，砌体材料和砌筑(粘结)材料用量应作调整换算，砌筑砂浆按干混预拌砌筑砂浆编制。定额所列砌筑砂浆种类和强度等级、砌块专用砌筑黏结剂品种，如设计与定额不同时，应作调整换算。

三、定额中各类砖、砌块及石砌体的砌筑均按直形砌筑编制，如为圆弧形砌筑者，按相应定额人工用量乘以系数1.10，砖、砌块及石砌块及砂浆(黏结剂)用量乘以系数1.03计算。

四、石基础、石墙的划分：基础与墙身脚应以设计室内地面为界。

五、砖基础不分砌筑宽度及有否放脚，均执行对应品种及规格砖的同一项目。地下混凝土构件所用砖模及砖砌挡土墙套用砖基础项目。

六、砖砌体和砌块砌体不分内、外墙，均执行对应品种的砖和砌块项目，其中：

1. 定额中均已包括了立门窗框的调直以及腰线、窗台线、挑檐等一般出线用工。

2. 清水砖砌体均包括了原浆勾缝用工，设计需加浆勾缝时，应另行计算。

3. 轻集料混凝土小型空心砌块墙的门窗洞口等镶砌的同类实心砖部分已包含在定额内，不单独另行计算。

七、加气混凝土类砌块墙项目已包括砌块零星切割改锯的损耗及费用。

八、零星砌体系指台阶、台阶挡墙、地垄墙、小于或等于0.3$m^2$的孔洞填塞等。

九、多孔砖、空心砖及砌块砌筑有防水、防潮要求的墙体时，若以普通(实心)砖作为导墙砌筑的，导墙与上部墙身主体需分别计算，导墙部分套用零星砌体项目。

十、石砌体项目中粗、细料石(砌体)墙按400mm×220mm×200mm规格编制。

十一、毛料石护坡高度超过4m时，定额人工乘以系数1.15。

十二、砖砌体钢筋加固。砌体内加筋、灌注混凝土，墙体拉结筋的制作、安装，以及墙基、墙身的防潮、防水、抹灰等，按本定额其他相关章节的项目及规定执行。

十三、人工级配砂石垫层是按中(粗)砂15%(不含填充石子空隙)、砾石85%(含填充砂)的级配比例编制的。

# 工程量计算规则

一、砖砌体、砌块砌体。

1. 砖基础工程量按设计图示尺寸以体积计算。砖石基础长度:外墙墙基按外墙中心线长度计算;内墙墙基按内墙净长计算。

2. 砖墙、砌块墙按设计图示尺寸以体积计算。

(1)扣除过门窗、洞口、嵌入墙内的钢筋混凝土柱、梁、圈梁、挑梁、过梁及凹进墙内的管槽、消火栓箱所占体积,不扣除梁头、板头、梁垫、木砖、门窗走头、砖墙内的加固钢筋、木筋、铁件、钢管及单个孔洞面积小于或等于0.3$m^2$所占的体积。凸出墙面的窗台虎头砖、压顶线、山墙泛水、门窗套、三匹砖以内的腰线和挑檐等体积亦不增加,凸出墙面的砖垛并入墙体体积计算。

(2)墙长度:外墙按外墙中心线计算,内墙按净长计算。

(3)墙面勾缝按设计图示以面积计算。

3. 零星砌体、地沟按按设计图示尺寸以体积计算。

4. 砖地坪按设计图示尺寸以面积计算。

5. 砌体砌筑设置导墙时,砌筑导墙需单独计算,厚度与长度按墙身主体,高度以实际砌筑高度计算,墙身主体的高度相应扣除。

6. 轻质砌块L形专用连接件的工程量按设计数量计算。

二、石砌体。

石基础、石墙的工程量计算规则参照砖砌体相应规定。

石挡土墙、石护坡、石台阶按设计图示尺寸以体积计算,石坡道按设计图示尺寸以水平投影面积计算,墙面勾缝按设计图示以面积计算。

三、垫层工程量按设计图示尺寸以体积计算。

## 1. 砖　砌　体

**工作内容：**清理基槽坑，调、运、铺砂浆，运、砌砖；调、运、铺砂浆，运、砌砖，安放木砖、垫块。

**计量单位：**10m³

| 定额编号 | | | | 1-4-1 | 1-4-2 | 1-4-3 | 1-4-4 | 1-4-5 |
|---|---|---|---|---|---|---|---|---|
| 项　目 | | | | 砖基础 | 清水砖墙 | 混水砖墙 | 多孔砖墙 | 空心砖墙 |
| 名　称 | | | 单位 | 消耗量 | | | | |
| 人工 | 合计工日 | | 工日 | 9.8340 | 14.2001 | 14.3852 | 9.6078 | 8.4252 |
| | 其中 | 普工 | 工日 | 2.3090 | 3.6458 | 3.7394 | 2.3894 | 2.1856 |
| | | 一般技工 | 工日 | 6.4500 | 9.0462 | 9.1248 | 6.1877 | 5.3484 |
| | | 高级技工 | 工日 | 1.0750 | 1.5081 | 1.5209 | 1.0307 | 0.8912 |
| 材料 | 干混砌筑砂浆 DMM10 | | m³ | 2.399 | 2.295 | 2.155 | 1.844 | 1.279 |
| | 烧结多孔砖 240×115×90 | | 千块 | — | — | — | 3.416 | — |
| | 烧结煤矸石空心砖 240×240×115 | | 千块 | — | — | — | — | 1.379 |
| | 烧结煤矸石普通砖 240×115×53 | | 千块 | 5.262 | 5.361 | 5.463 | — | — |
| | 水 | | m³ | 1.050 | 1.072 | 1.101 | 1.173 | 1.043 |
| | 其他材料费 | | % | — | 0.180 | 0.180 | 0.120 | 0.190 |
| 机械 | 干混砂浆罐式搅拌机 | | 台班 | 0.240 | 0.230 | 0.216 | 0.184 | 0.128 |

**工作内容：**调、运、铺砂浆，运、砌砖；刷缝、调运砂浆、勾缝等。

| 定额编号 | | | | 1-4-6 | 1-4-7 | 1-4-8 | 1-4-9 | 1-4-10 |
|---|---|---|---|---|---|---|---|---|
| 项　目 | | | | 零星砌体 | | 砖地坪 | 砖地沟 | 砖墙勾缝 |
| | | | | 普通砖 | 多孔砖 | 平铺 | | |
| | | | | 10m³ | 10m³ | 100m² | 10m³ | 100m² |
| 名　称 | | | 单位 | 消耗量 | | | | |
| 人工 | 合计工日 | | 工日 | 19.0080 | 20.8770 | 6.1170 | 9.3510 | 1.17 |
| | 其中 | 普工 | 工日 | 5.1300 | 5.8270 | 1.6480 | 2.1340 | 0.3300 |
| | | 一般技工 | 工日 | 11.8960 | 12.9000 | 3.8300 | 6.1860 | 0.2000 |
| | | 高级技工 | 工日 | 1.9820 | 2.1500 | 0.6390 | 1.0310 | 0.6400 |
| 材料 | 干混抹灰砂浆 DPM10 | | m³ | — | — | — | — | 0.210 |
| | 干混砌筑砂浆 DMM10 | | m³ | 2.142 | 1.630 | 0.700 | 2.510 | — |
| | 烧结多孔砖 240×115×90 | | 千块 | — | 3.470 | — | — | — |
| | 烧结煤矸石普通砖 240×115×53 | | 千块 | 5.514 | — | 3.710 | 5.700 | — |
| | 水 | | m³ | 1.100 | 1.100 | — | 1.000 | 0.303 |
| | 其他材料费 | | % | — | — | 1.470 | — | — |
| 机械 | 干混砂浆罐式搅拌机 | | 台班 | 0.214 | 0.163 | 0.070 | 0.251 | 0.087 |

## 2. 砌块砌体

**工作内容**:放样,安、拆样架,样桩,选修预制块,配拌砂浆砌筑。 **计量单位**:$10m^3$

| 定额编号 | | | | 1-4-11 |
|---|---|---|---|---|
| 项目 | | | | 浆砌混凝土预制块 |
| | | | | 挡墙、侧墙 |
| 名称 | | | 单位 | 消耗量 |
| 人工 | 合计工日 | | 工日 | 9.7470 |
| | 其中 | 普工 | 工日 | 3.0000 |
| | | 一般技工 | 工日 | 6.7470 |
| 材料 | 干混砌筑砂浆 DMM10 | | $m^3$ | 0.920 |
| | 混凝土预制块 | | $10m^3$ | 9.190 |
| | 水 | | $m^3$ | 2.000 |
| | 其他材料费 | | % | 1.000 |
| 机械 | 灰浆搅拌机 200L | | 台班 | 0.110 |
| | 履带式起重机 5t | | 台班 | 0.660 |

**工作内容**:调、运、铺砂浆,运、安装砌块及运、镶砌砖,安放木砖、垫块。 **计量单位**:$10m^3$

| 定额编号 | | | | 1-4-12 | 1-4-13 | 1-4-14 |
|---|---|---|---|---|---|---|
| 项目 | | | | 轻集料混凝土小型空心砌块墙 | | |
| | | | | 墙厚 240mm | 墙厚 190mm | 墙厚 120mm |
| 名称 | | | 单位 | 消耗量 | | |
| 人工 | 合计工日 | | 工日 | 8.8760 | 9.5130 | 9.6330 |
| | 其中 | 普工 | 工日 | 2.3740 | 2.5600 | 2.6170 |
| | | 一般技工 | 工日 | 5.5730 | 5.9600 | 6.0140 |
| | | 高级技工 | 工日 | 0.9290 | 0.9930 | 1.0020 |
| 材料 | 干混砌筑砂浆 DMM10 | | $m^3$ | 1.080 | 1.100 | 1.020 |
| | 水 | | $m^3$ | 0.100 | 0.100 | 0.100 |
| | 陶粒混凝土实心砖 190×90×53 | | 千块 | — | 1.310 | — |
| | 陶粒混凝土实心砖 240×115×53 | | 千块 | 0.830 | — | 0.870 |
| | 陶粒混凝土小型砌块 390×120×190 | | $m^3$ | — | — | 7.990 |
| | 陶粒混凝土小型砌块 390×190×190 | | $m^3$ | — | 7.990 | — |
| | 陶粒混凝土小型砌块 390×240×190 | | $m^3$ | 7.990 | — | — |
| | 其他材料费 | | % | 0.171 | 0.171 | 0.171 |
| 机械 | 干混砂浆罐式搅拌机 | | 台班 | 0.108 | 0.110 | 0.102 |

**工作内容：**调、运、铺砂浆，运、安装砌块，洞口侧边竖砌砌块，砂浆灌芯，安放木砖、垫块。　**计量单位：**10m³

| 定额编号 | | | | 1-4-15 | 1-4-16 | 1-4-17 |
|---|---|---|---|---|---|---|
| 项　目 | | | | 烧结空心砌块墙 | | |
| | | | | 墙厚240(卧砌) | 墙厚190(卧砌) | 墙厚115(卧砌) |
| 名　称 | | | 单位 | 消　耗　量 | | |
| 人工 | 合计工日 | | 工日 | 8.9570 | 9.5810 | 9.8230 |
| | 其中 | 普工 | 工日 | 2.4490 | 2.6360 | 2.7090 |
| | | 一般技工 | 工日 | 5.5780 | 5.9520 | 6.0980 |
| | | 高级技工 | 工日 | 0.9300 | 0.9930 | 1.0160 |
| 材料 | 干混砌筑砂浆 DMM10 | | $m^3$ | 0.890 | 0.890 | 0.890 |
| | 烧结页岩空心砌块 290×115×190 | | $m^3$ | — | — | 9.250 |
| | 烧结页岩空心砌块 290×190×190 | | $m^3$ | — | 9.250 | — |
| | 烧结页岩空心砌块 290×240×190 | | $m^3$ | 9.250 | — | — |
| | 水 | | $m^3$ | 1.100 | 1.100 | 1.100 |
| | 其他材料费 | | % | 0.156 | 0.156 | 0.156 |
| 机械 | 干混砂浆罐式搅拌机 | | 台班 | 0.089 | 0.089 | 0.089 |

**工作内容：**调、运、铺砂浆或运、搅拌、铺粘结剂，运、部分切割、安装砌块，安放木砖、垫块，木楔卡固、刚性材料嵌缝。　**计量单位：**10m³

| 定额编号 | | | | 1-4-18 | 1-4-19 | 1-4-20 | 1-4-21 | 1-4-22 | 1-4-23 |
|---|---|---|---|---|---|---|---|---|---|
| 项　目 | | | | 蒸压加气混凝土砌块墙 | | | | | |
| | | | | 墙厚 | | | | | |
| | | | | ≤150mm | | ≤200mm | | ≤300mm | |
| | | | | 砂浆 | 粘结剂 | 砂浆 | 粘结剂 | 砂浆 | 粘结剂 |
| 名　称 | | | 单位 | 消　耗　量 | | | | | |
| 人工 | 合计工日 | | 工日 | 9.8570 | 10.0880 | 9.8570 | 10.0880 | 8.4190 | 8.6490 |
| | 其中 | 普工 | 工日 | 2.7670 | 3.0260 | 2.7670 | 3.0260 | 2.3360 | 2.5950 |
| | | 一般技工 | 工日 | 6.0770 | 6.0530 | 6.0770 | 6.0530 | 5.2140 | 5.1900 |
| | | 高级技工 | 工日 | 1.0130 | 1.0090 | 1.0130 | 1.0090 | 0.8690 | 0.8640 |
| 材料 | 干混砌筑砂浆 DMM10 | | $m^3$ | 0.710 | — | 0.710 | — | 0.710 | — |
| | 砌块砌筑粘结剂 | | kg | — | 297.400 | — | 297.400 | — | 297.400 |
| | 砌筑水泥砂浆 M7.5 | | $m^3$ | — | 0.080 | — | 0.080 | — | 0.080 |
| | 水 | | $m^3$ | 0.400 | 0.200 | 0.400 | 0.200 | 0.400 | 0.200 |
| | 水泥砂浆 1:3 | | $m^3$ | — | 0.100 | — | 0.100 | — | 0.100 |
| | 蒸压粉煤灰加气混凝土砌块 600×120×240 | | $m^3$ | 9.770 | 10.150 | — | — | — | — |
| | 蒸压粉煤灰加气混凝土砌块 600×190×240 | | $m^3$ | — | — | 9.770 | 10.150 | — | — |
| | 蒸压粉煤灰加气混凝土砌块 600×240×240 | | $m^3$ | — | — | — | — | 9.770 | 10.150 |
| | 其他材料费 | | % | 0.570 | 0.524 | 0.361 | 0.332 | 0.288 | 0.265 |
| 机械 | 干混砂浆罐式搅拌机 20000L | | 台班 | 0.071 | — | 0.071 | — | 0.071 | — |
| | 灰浆搅拌机 200L | | 台班 | — | 0.030 | — | 0.030 | — | 0.030 |

**工作内容：**运、安放连接件，射钉弹及水泥钉固定。　　　**计量单位：**10个

| 定额编号 | | | | 1-4-24 |
|---|---|---|---|---|
| 项　目 | | | | 加气混凝土砌块L形专用连接件 |
| 名　称 | | | 单位 | 消耗量 |
| 人工 | 合计工日 | | 工日 | 0.3240 |
| | 其中 | 普工 | 工日 | 0.0970 |
| | | 一般技工 | 工日 | 0.1940 |
| | | 高级技工 | 工日 | 0.0330 |
| 材料 | L形铁件(12+12)×6×0.15 | | 个 | 10.200 |
| | 射钉弹 | | 套 | 30.600 |
| | 水泥钉 | | kg | 0.075 |

## 3. 石　砌　体

**工作内容：**运石，调、运、铺砂浆，砌筑。

| 定额编号 | | | | 1-4-25 | 1-4-26 | 1-4-27 | 1-4-28 |
|---|---|---|---|---|---|---|---|
| 项　目 | | | | 石基础 | | 石台阶 | 石坡道 |
| | | | | 毛料石 | 粗料石 | | |
| | | | | $10m^3$ | $10m^3$ | $10m^3$ | $100m^3$ |
| 名　称 | | | 单位 | 消耗量 | | | |
| 人工 | 合计工日 | | 工日 | 8.6900 | 8.5540 | 36.6180 | 30.0020 |
| | 其中 | 普工 | 工日 | 1.5410 | 2.1900 | 10.5360 | 7.1290 |
| | | 一般技工 | 工日 | 6.1280 | 5.4540 | 22.3560 | 19.6060 |
| | | 高级技工 | 工日 | 1.0210 | 0.9100 | 3.7260 | 3.2670 |
| 材料 | 方整石 | | $m^3$ | — | — | 10.400 | — |
| | 方整天然石板 | | $m^2$ | — | — | — | 103.000 |
| | 干混砌筑砂浆 DMM10 | | $m^3$ | 3.987 | 1.407 | 1.680 | 7.000 |
| | 料石 | | $m^3$ | — | 10.000 | — | — |
| | 毛石(综合) | | $m^3$ | 11.220 | — | — | — |
| | 水 | | $m^3$ | 0.790 | 0.800 | 0.600 | — |
| | 其他材料费 | | % | — | — | — | 1.479 |
| 机械 | 干混砂浆罐式搅拌机 | | 台班 | 0.399 | 0.141 | 0.168 | 0.700 |

**工作内容:**运石,调、运、铺砂浆,砌筑、平整,墙角及门窗洞口处的石料加工等。　　**计量单位:**10m³

| 定额编号 | | | | 1-4-29 | 1-4-30 | 1-4-31 | 1-4-32 | 1-4-33 | 1-4-34 |
|---|---|---|---|---|---|---|---|---|---|
| 项目 | | | | 墙身 | | | 挡土墙 | | |
| | | | | 毛料石 | 粗料石 | 细料石 | 毛料石 | 粗料石 | 细料石 |
| 名称 | | | 单位 | 消耗量 | | | | | |
| 人工 | 合计工日 | | 工日 | 15.2810 | 32.45000 | 19.8920 | 9.9080 | 12.2460 | 12.4370 |
| | 其中 | 普工 | 工日 | 3.5180 | 9.4120 | 5.7780 | 1.9060 | 3.3510 | 3.5420 |
| | | 一般技工 | 工日 | 10.0820 | 19.7470 | 12.0970 | 6.8580 | 7.6250 | 7.6240 |
| | | 高级技工 | 工日 | 1.6810 | 3.2910 | 2.0170 | 1.1440 | 1.2700 | 1.2710 |
| 材料 | 干混砌筑砂浆 DMM10 | | m³ | 3.987 | 1.210 | 0.707 | 3.987 | 1.210 | 0.707 |
| | 料石 | | m³ | — | 10.000 | — | — | 10.000 | — |
| | 毛石(综合) | | m³ | 11.220 | — | — | 11.220 | — | — |
| | 水 | | m³ | 0.790 | 0.700 | 1.300 | 0.790 | 0.700 | 1.300 |
| | 细料石 | | m³ | — | — | 10.000 | — | — | 10.000 |
| 机械 | 干混砂浆罐式搅拌机 | | 台班 | 0.399 | 0.121 | 0.071 | 0.399 | 0.121 | 0.071 |

**工作内容:**调、运砂浆,砌石,铺砂,勾缝,预留泄水口,放置排水管(不含排水管材料)。　　**计量单位:**10m³

| 定额编号 | | | | 1-4-35 | 1-4-36 |
|---|---|---|---|---|---|
| 项目 | | | | 护坡 | |
| | | | | 浆砌毛料石 | 干砌毛料石 |
| 名称 | | | 单位 | 消耗量 | |
| 人工 | 合计工日 | | 工日 | 10.7500 | 8.0450 |
| | 其中 | 普工 | 工日 | 2.0550 | 2.4130 |
| | | 一般技工 | 工日 | 7.4530 | 4.8270 |
| | | 高级技工 | 工日 | 1.2420 | 0.8050 |
| 材料 | 干混砌筑砂浆 DMM10 | | m³ | 4.377 | — |
| | 毛石(综合) | | m³ | 11.730 | 11.730 |
| | 砂子细砂 | | m³ | — | 3.682 |
| | 水 | | m³ | 0.790 | — |
| 机械 | 干混砂浆罐式搅拌机 | | 台班 | 0.438 | — |

**工作内容：**剔缝、洗刷、调运砂浆、勾缝等。

计量单位：100m²

| 定额编号 | | | | 1-4-37 | 1-4-38 | 1-4-39 | 1-4-40 |
|---|---|---|---|---|---|---|---|
| 项目 | | | | 毛石墙勾缝 | 料石墙勾缝 | | |
| | | | | 凸缝 | 平缝 | 凹缝 | 凸缝 |
| 名称 | | | 单位 | 消耗量 | | | |
| 人工 | 合计工日 | | 工日 | 12.2080 | 4.3060 | 7.7080 | 8.2450 |
| | 其中 | 普工 | 工日 | 3.4300 | 1.2250 | 2.2460 | 2.3320 |
| | | 一般技工 | 工日 | 7.5240 | 2.6400 | 4.6820 | 5.0680 |
| | | 高级技工 | 工日 | 1.2540 | 0.4410 | 0.7800 | 0.8450 |
| 材料 | 干混抹灰砂浆 DPM10 | | m³ | 0.870 | 0.250 | 0.250 | 0.530 |
| | 水 | | m³ | 5.800 | 5.800 | 5.800 | 5.800 |
| 机械 | 干混砂浆罐式搅拌机 | | 台班 | 0.087 | 0.025 | 0.025 | 0.053 |

# 4. 垫　层

**工作内容：**拌和、铺设垫层，找平压(夯)实。

计量单位：10m²

| 定额编号 | | | | 1-4-41 | 1-4-42 | 1-4-43 | 1-4-44 | 1-4-45 | 1-4-46 |
|---|---|---|---|---|---|---|---|---|---|
| 项目 | | | | 灰土 | 三合土 | 砂 | 炉(矿)渣 | | |
| | | | | | | | 干铺 | 水泥石灰拌和 | 石灰拌和 |
| 名称 | | | 单位 | 消耗量 | | | | | |
| 人工 | 合计工日 | | 工日 | 5.2790 | 8.6430 | 3.1220 | 2.5660 | 8.8640 | 8.8640 |
| | 其中 | 普工 | 工日 | 1.5840 | 2.5930 | 0.9370 | 0.770 | 2.6590 | 2.6590 |
| | | 一般技工 | 工日 | 3.1670 | 5.1860 | 1.8730 | 1.5400 | 5.3180 | 5.3180 |
| | | 高级技工 | 工日 | 0.5280 | 0.8640 | 0.3120 | 0.2560 | 0.8870 | 0.8870 |
| 材料 | 灰土 3:7 | | m³ | 10.200 | — | — | — | — | — |
| | 炉(矿)渣 (综合) | | m³ | — | — | — | 12.240 | — | — |
| | 三合土碎石 1:4:8 | | m³ | — | 10.200 | — | — | — | — |
| | 砂子 | | m³ | — | — | 11.526 | — | — | — |
| | 石灰炉(矿)渣 1:4 | | m³ | — | — | — | — | — | 10.200 |
| | 水 | | m³ | — | — | 3.000 | 2.000 | 2.000 | 2.000 |
| | 水泥石灰炉渣 1:1:10 | | m³ | — | — | — | — | 10.200 | — |
| 机械 | 电动夯实机 250N·m | | 台班 | 0.440 | 0.630 | 0.160 | — | — | — |

**工作内容**：拌和、铺设垫层，找平压(夯)实；调制砂浆、灌缝。　　**计量单位**：$10m^3$

| 定额编号 | | | | 1－4－47 | 1－4－48 | 1－4－49 | 1－4－50 | 1－4－51 | 1－4－52 |
|---|---|---|---|---|---|---|---|---|---|
| 项目 | | | | 砂石 | | 毛石 | | 碎石 | |
| | | | | 人工级配 | 天然级配 | 干铺 | 灌浆 | 干铺 | 灌浆 |
| 名称 | | | 单位 | 消耗量 | | | | | |
| 人工 | 合计工日 | | 工日 | 5.3800 | 4.4890 | 5.7290 | 7.6260 | 4.5020 | 4.3590 |
| | 其中 | 普工 | 工日 | 1.6140 | 1.3470 | 1.7190 | 1.5570 | 1.3510 | 0.5360 |
| | | 一般技工 | 工日 | 3.2280 | 2.6930 | 3.4370 | 5.2020 | 2.7010 | 3.2770 |
| | | 高级技工 | 工日 | 0.5380 | 0.4490 | 0.5730 | 0.8670 | 0.4500 | 0.5460 |
| 材料 | 干混砌筑砂浆 DMM10 | | $m^3$ | — | — | — | 2.734 | — | 2.886 |
| | 砾石 10 | | $m^3$ | 9.017 | — | — | — | — | — |
| | 毛石(综合) | | $m^3$ | — | — | 12.240 | 12.240 | — | — |
| | 砂子(粗砂) | | $m^3$ | — | — | — | — | 2.872 | — |
| | 砂子(中粗砂) | | $m^3$ | 4.835 | — | 2.720 | — | — | — |
| | 水 | | $m^3$ | 3.000 | 2.500 | — | 1.000 | — | 1.000 |
| | 碎石(综合) | | $m^3$ | — | — | — | — | 11.016 | 11.016 |
| | 天然级配砂砾 | | $m^3$ | — | 12.240 | — | — | — | — |
| 机械 | 电动夯实机 250N·m | | 台班 | 0.240 | 0.240 | 0.290 | 0.490 | 0.260 | 0.260 |
| | 干混砂浆罐式搅拌机 | | 台班 | — | — | — | 0.274 | — | 0.289 |

# 第五章　混凝土及钢筋混凝土工程

# 说 明

一、本章定额包括现浇混凝土、预制混凝土和钢筋工程等项目。

二、本定额适用于管廊工程中现浇和预制各种混凝土构筑物。

三、混凝土:

1. 本定额中混凝土均采用预拌混凝土,定额中未考虑混凝土输送费用。项目混凝土按常用强度等级列出,如设计要求不同时可以换算。

2. 定额中混凝土浇捣未含脚手架。

3. 小型构件是指单体体积0.1$m^3$以内且本章未列项目的小型构件。

4. 混凝土内墙套用管廊侧壁项目。

5. 本定额预制管廊为现场预制,不适用于商品构配件厂所生产的构配件,采用商品构配件编制造价时,按构配件到达工地的价格计算。

四、模板。

侧壁设计采用一次摊销止水螺杆方式支模时,将对拉螺栓材料换为止水螺杆,其消耗量按对拉螺栓数量乘以系数12.00,取消塑料套管消耗量,其余不变。柱、梁面对拉螺栓堵眼增加费,执行墙面螺栓堵眼增加费用项目,柱面螺栓堵眼人工、机械乘以系数0.30,梁面螺栓堵眼人工、机械乘以系数0.35。

五、钢筋。

1. 钢筋工程分不同品种、不同规格,按普通钢筋、预应力钢筋等分别设列子目。

2. 钢筋的工作内容包括制作、绑扎、安装以及浇灌混凝土时维护钢筋用工。

3. 钢筋未包括冷拉、冷拔,如设计要求冷拉、冷拔时,费用另行计算。

4. 现场钢筋水平运距包括在项目工作内容中,加工的钢筋由附属工厂至工地水平运输或现场钢筋水平运距超过150m的应另列项,按钢筋水平运输子目执行。

5. 钢筋场外运输适用于施工企业因施工场地限制,租用施工场地加工钢筋情况。

6. 绑扎铁丝、成型点焊和接头焊接用的电焊条,已综合在相应子目内。

7. 钢筋挤压套筒定额按成品编制。如实际为现场加工时,挤压套筒按加工铁件予以换算,套筒重量可参考下表计算。

**套筒重量参考表**

| 规 格 | $\phi$22 | $\phi$25 | $\phi$28 | $\phi$32 |
|---|---|---|---|---|
| 重量(kg/个) | 0.62 | 0.78 | 1 | 1.21 |

注:表内套筒内径按钢筋规格加2mm、壁厚8mm、长300mm计算重量。如不同时,重量予以调整。

8. 植筋增加费工作内容包括钻孔和装胶。定额中的钢筋埋深按以下规定计算:

(1)钢筋直径规格为20mm以下的,按钢筋直径的15倍计算,并大于或等于100mm;

(2)钢筋直径规格为20mm以上的,按钢筋直径的20倍计算。

当设计埋深长度与定额取定不同时,定额中的人工和材料可以调整。

植筋用钢筋的制作、安装,按钢筋质量执行普通钢筋相应子目。

9. 预应力钢筋未包括时效处理,设计要求时效处理,费用另行计算。

10. 预应力钢绞线张拉项目的锚具按单孔锚具计算,每根钢绞线有两端计2个锚具。如果采用多孔锚具,可按锚具预算价格除以有效锚孔数量折算单价,调整价差。

# 工程量计算规则

一、混凝土工程量按设计图示尺寸以实体积计算，不扣除混凝土构件内钢筋、预埋铁件及墙、板中单个面积0.3$m^2$内的孔洞所占体积。

二、模板。

混凝土模板工程量，按构件混凝土与模板的接触面积以面积计算。不扣除单孔面积0.3$m^2$以内预留孔洞的面积，洞侧壁模板亦不另行增加。

三、预制管廊安装。

1.预制管廊安装按管廊长度计算。

2.嵌泡沫板适用于预制混凝土管廊承插式接口，工程量按设计图纸中管廊横断面中心线周长计算，如有中间隔墙，中间隔墙长度应予以计算。

3.双组份密封胶嵌缝适用于预制混凝土管廊承插式接口，工程量按设计图纸中管廊横断面中心线周长计算，如有中间隔墙，中间隔墙长度应予以计算。倒虹段及拐角段材料用量系数乘以3.00。

4.外贴式橡胶止水带工程量按图示尺寸以面积计算，当使用材料非25cm宽时，根据设计材料规格调整价格。定额已包含搭接及材料损耗用量。

四、混凝土输送及泵管安拆使用：

1.混凝土输送按混凝土相应定额子目的混凝土消耗量以"$m^3$"为单位计算。

2.泵管安拆按实际需要的长度以"m"为单位计算。

3.泵管使用以延长米"m · d"为单位计算。

五、钢筋。

1.钢筋工程量应区别不同钢筋种类和规格，分别按设计长度乘以单位理论质量计算。

2.钢筋的搭接(接头)数量应按设计图示及规范要求计算；设计图示及规范要求未标明的，$\phi$10mm以上的长钢筋按每9m计算一个搭接(接头)。

3.电渣压力焊、套筒挤压、直螺纹接头，按设计图示个数计算。

4.铁件、拉杆按设计图示尺寸以质量计算。

5.植筋增加费按个数计算。

6.预应力钢筋应区别不同钢筋种类和规格，分别按规定长度乘以单位理论质量计算。

7.后张法钢筋按设计图示的预应力钢筋孔道长度，并区别不同锚具类型，分别按下列规定计算：

低合金钢筋两端采用螺杆锚具时，预应力钢筋按孔道长度减0.35m，螺杆按加工铁件另列项计算。

低合金钢筋一端采用镦头插片，另一端采用螺杆锚具时，预应力钢筋长度按预留孔道长度计算，螺杆按加工铁件另列项计算。

低合金钢筋一端采用镦头插片，另一端采用帮条锚具时，预应力钢筋按孔道长度增加0.15m；两端均采用帮条锚具时，预应力钢筋共增加0.3m计算。

低合金钢筋采用后张法混凝土自锚时，预应力钢筋长度增加0.35m计算。

8.钢绞线采用JM、XM、OVM、QM型锚具，孔道长度在20m以内时，预应力钢绞线增加1m计算；孔道长度在20m以上时，预应力钢绞线增加1.8m。

9.后张法预应力钢绞线张拉应区分单根设计长度，按图示根数计算。

10.无粘结预应力钢绞线端头封闭，按图示张拉端头个数计算。

11.钢筋水平及垂直运输均按设计图示用量以质量计算。

12.现浇灌注混凝土桩钢筋笼安放，均按设计图示用量以质量计算。

# 1. 现浇混凝土

**工作内容：**安放流槽、碎石装运、找平；混凝土浇筑、捣固、抹平、养生；模板制作、安装、涂脱模剂、模板拆除、修理、整堆等。

| 定额编号 | | | | 1-5-1 | 1-5-2 | 1-5-3 | 1-5-4 | 1-5-5 |
|---|---|---|---|---|---|---|---|---|
| 项目 | | | | 碎石垫层 | 混凝土垫层 | | 底板 | |
| | | | | | 混凝土 | 模板 | 混凝土 | 模板 |
| | | | | 10m$^3$ | 10m$^3$ | 10m$^2$ | 10m$^3$ | 10m$^2$ |
| 名称 | | | 单位 | 消耗量 | | | | |
| 人工 | 合计工日 | | 工日 | 5.8770 | 3.9200 | 0.9949 | 3.5420 | 2.1420 |
| 人工 | 其中 | 普工 | 工日 | 2.3510 | 1.5680 | 0.3980 | 1.0630 | 0.6430 |
| 人工 | 其中 | 一般技工 | 工日 | 2.9390 | 2.3520 | 0.5969 | 2.1250 | 1.2850 |
| 人工 | 其中 | 高级技工 | 工日 | 0.5880 | — | — | 0.3540 | 0.2140 |
| 材料 | 板枋材 | | m$^3$ | — | — | — | — | 0.016 |
| 材料 | 电 | | kW·h | — | 3.080 | — | 4.229 | — |
| 材料 | 镀锌铁丝 φ0.7 | | kg | — | — | 0.018 | — | — |
| 材料 | 干混抹灰砂浆 DPM20 | | m$^3$ | — | — | 0.001 | — | — |
| 材料 | 钢模板连接件 | | kg | — | — | — | — | 2.350 |
| 材料 | 钢支撑 | | kg | — | — | — | — | 2.090 |
| 材料 | 模板嵌缝料 | | kg | — | — | — | — | 0.500 |
| 材料 | 木模板 | | m$^3$ | — | — | 0.098 | — | — |
| 材料 | 水 | | m$^3$ | — | 5.690 | — | 1.134 | — |
| 材料 | 碎石 30~50 | | m$^3$ | 2.516 | — | — | — | — |
| 材料 | 碎石 50~80 | | m$^3$ | 10.200 | — | — | — | — |
| 材料 | 脱模剂 | | kg | — | — | 1.000 | — | 1.000 |
| 材料 | 无纺土工布 | | m$^2$ | — | 10.179 | — | 1.333 | — |
| 材料 | 预拌混凝土 C10 | | m$^3$ | — | 10.100 | — | — | — |
| 材料 | 预拌混凝土 C30 | | m$^3$ | — | — | — | 10.100 | — |
| 材料 | 圆钉 | | kg | — | — | 1.973 | — | 0.260 |
| 材料 | 组合钢模板 | | kg | — | — | — | — | 5.900 |
| 材料 | 其他材料费 | | % | — | 1.000 | — | — | — |
| 机械 | 木工圆锯机 500mm | | 台班 | — | — | 0.014 | — | — |
| 机械 | 载重汽车 5t | | 台班 | — | — | 0.010 | — | — |

**工作内容：**混凝土浇筑、捣固、抹平、养生；模板制作、安装、涂脱模剂、模板拆除、修理、整堆等。

| 定额编号 | | | | 1-5-6 | 1-5-7 | 1-5-8 | 1-5-9 | 1-5-10 | 1-5-11 |
|---|---|---|---|---|---|---|---|---|---|
| 项目 | | | | 侧墙 | | 顶板 | | 矩形柱 | |
| | | | | 混凝土 | 模板 | 混凝土 | 模板 | 混凝土 | 模板 |
| | | | | $10m^3$ | $10m^2$ | $10m^3$ | $10m^2$ | $10m^3$ | $10m^2$ |
| 名称 | | | 单位 | 消耗量 | | | | | |
| 人工 | 合计工日 | | 工日 | 4.0980 | 2.2950 | 3.7290 | 2.5200 | 8.2100 | 2.6962 |
| | 其中 | 普工 | 工日 | 1.2290 | 0.6890 | 1.1190 | 0.7560 | 3.2800 | 1.0785 |
| | | 一般技工 | 工日 | 2.4590 | 1.3770 | 2.2370 | 1.5120 | 4.9300 | 1.6177 |
| | | 高级技工 | 工日 | 0.4100 | 0.2300 | 0.3730 | 0.2520 | — | — |
| 材料 | 板枋材 | | $m^3$ | — | 0.016 | — | 0.016 | — | — |
| | 草板纸 80# | | 张 | — | — | — | — | — | 3.000 |
| | 电 | | kW·h | 3.657 | — | 4.686 | — | 8.160 | — |
| | 复合模板 | | $m^2$ | — | — | — | — | — | 2.100 |
| | 钢模板连接件 | | kg | — | 2.350 | — | 2.350 | — | — |
| | 钢支撑 | | kg | — | 5.260 | — | 5.250 | — | — |
| | 零星卡具 | | kg | — | — | — | — | — | 6.050 |
| | 模板嵌缝料 | | kg | — | 0.500 | — | 0.500 | — | — |
| | 木模板 | | $m^3$ | — | — | — | — | — | 0.006 |
| | 木支撑 | | $m^3$ | — | — | — | — | — | 0.052 |
| | 水 | | $m^3$ | 3.392 | — | 3.051 | — | 8.640 | — |
| | 铁件(综合) | | kg | — | 2.120 | — | — | — | 1.142 |
| | 脱模剂 | | kg | — | 1.000 | — | 1.000 | — | 1.000 |
| | 无纺土工布 | | $m^2$ | 0.579 | — | 1.573 | — | — | — |
| | 预拌混凝土 C20 | | $m^3$ | — | — | — | — | 10.100 | — |
| | 预拌混凝土 C30 | | $m^3$ | 10.100 | — | 10.100 | — | — | — |
| | 圆钉 | | kg | — | 0.330 | — | 0.330 | — | 0.402 |
| | 组合钢模板 | | kg | — | 5.900 | — | 5.900 | — | 1.034 |
| 机械 | 履带式起重机 15t | | 台班 | — | 0.099 | — | 0.644 | — | — |
| | 木工圆锯机 500mm | | 台班 | — | — | — | — | — | 0.005 |
| | 汽车式起重机 8t | | 台班 | — | — | — | — | — | 0.010 |
| | 载重汽车 5t | | 台班 | — | — | — | — | — | 0.025 |

**工作内容:** 混凝土浇筑、捣固、抹平、养生；模板制作、安装、涂脱模剂、模板拆除、修理、整堆等。

| 定额编号 | | | | 1-5-12 | 1-5-13 | 1-5-14 | 1-5-15 | 1-5-16 | 1-5-17 |
|---|---|---|---|---|---|---|---|---|---|
| 项目 | | | | 矩形梁 | | 楼梯 | | 小型构件 | |
| | | | | 混凝土 | 模板 | 混凝土 | 模板 | 混凝土 | 模板 |
| | | | | $10m^3$ | $10m^2$ | $10m^3$ | $10m^2$ | $10m^3$ | $10m^2$ |
| 名称 | | | 单位 | 消耗量 | | | | | |
| 人工 | 合计工日 | | 工日 | 7.1420 | 3.3587 | 2.6290 | 10.0200 | 18.2750 | 3.2558 |
| | 其中 | 普工 | 工日 | 2.8570 | 1.3435 | 1.0510 | 4.0080 | 5.4820 | 0.9767 |
| | | 一般技工 | 工日 | 4.2850 | 2.0152 | 1.3140 | 5.0100 | 10.9650 | 1.9535 |
| | | 高级技工 | 工日 | | | 0.2630 | 1.0020 | 1.8280 | 0.3256 |
| 材料 | 板枋材 | | $m^3$ | — | — | — | 0.051 | — | 0.045 |
| | 草板纸 80# | | 张 | — | 3.000 | — | — | — | — |
| | 电 | | kW·h | 8.160 | — | 4.800 | — | — | — |
| | 镀锌铁丝 ϕ0.7 | | kg | — | 0.018 | — | — | — | — |
| | 复合模板 | | $m^2$ | — | 2.100 | — | — | — | 3.063 |
| | 干混抹灰砂浆 DPM20 | | $m^3$ | — | 0.001 | — | — | — | — |
| | 钢模板连接件 | | kg | — | — | — | 1.097 | — | — |
| | 钢模支撑 | | kg | — | — | — | 1.788 | — | — |
| | 零星卡具 | | kg | — | 3.655 | — | — | — | — |
| | 木模板 | | $m^3$ | — | 0.002 | — | — | — | — |
| | 木支撑 | | $m^3$ | — | 0.091 | — | — | — | 0.050 |
| | 尼龙帽 ϕ1.5 | | 个 | — | 3.700 | — | — | — | — |
| | 水 | | $m^3$ | 10.630 | — | 7.256 | — | 16.756 | — |
| | 塑料粘胶带 20mm×50m | | 卷 | — | — | — | — | — | 0.400 |
| | 铁件(综合) | | kg | — | 0.415 | — | — | — | 0.797 |
| | 脱模剂 | | kg | — | 1.000 | — | — | — | 1.000 |
| | 无纺土工布 | | $m^2$ | 10.131 | — | 1.004 | — | 95.670 | — |
| | 预拌混凝土 C20 | | $m^3$ | 10.100 | — | — | — | 10.100 | — |
| | 预拌混凝土 C30 | | $m^3$ | — | — | 10.100 | — | — | — |
| | 圆钉 | | kg | — | 3.624 | — | 0.260 | — | 0.115 |
| | 组合钢模板 | | kg | — | 0.723 | — | 2.968 | — | — |
| 机械 | 履带式起重机 15t | | 台班 | — | — | — | 0.127 | — | — |
| | 木工平刨床 500mm | | 台班 | — | — | — | 0.236 | — | — |
| | 木工圆锯机 500mm | | 台班 | — | 0.033 | — | 0.264 | — | 0.090 |
| | 汽车式起重机 8t | | 台班 | — | 0.009 | — | — | — | — |
| | 载重汽车 5t | | 台班 | — | 0.034 | — | — | — | — |

**工作内容:**泵管安拆、清洗、整理、堆放等。

| 定额编号 | | | | 1-5-18 | 1-5-19 | 1-5-20 | 1-5-21 |
|---|---|---|---|---|---|---|---|
| 项目 | | | | 垂直泵管 | | 水平泵管 | |
| | | | | 安拆 | 使用 | 安拆 | 使用 |
| | | | | m | m·d | m | m·d |
| 名称 | | | 单位 | 消耗量 | | | |
| 人工 | 合计工日 | | 工日 | 0.2090 | — | 0.0600 | — |
| | 其中 | 普工 | 工日 | 0.0840 | — | 0.0240 | — |
| | | 一般技工 | 工日 | 0.1040 | — | 0.0300 | — |
| | | 高级技工 | 工日 | 0.0210 | — | 0.0060 | — |
| 材料 | 泵管 | | m | 0.010 | — | 0.010 | — |
| | 泵管使用 | | m·d | — | 1.000 | — | 1.000 |
| | 垫片 | | 个 | 0.788 | — | 0.765 | — |
| | 方卡 | | 只 | 0.387 | — | 0.383 | — |
| | 防锈漆 | | kg | 0.007 | — | 0.004 | — |
| | 钢管脚手架扣件 | | 个 | 0.383 | — | 0.015 | — |
| | 脚手架钢管 | | kg | 0.097 | — | 0.050 | — |
| 机械 | 载重汽车 4t | | 台班 | 0.001 | — | 0.001 | — |

**工作内容:**机械就位、混凝土输送、清理等。

**计量单位:**$m^3$

| 定额编号 | | | | 1-5-22 | 1-5-23 | 1-5-24 |
|---|---|---|---|---|---|---|
| 项目 | | | | 混凝土输送 | | |
| | | | | 泵车 | 固定泵 | 起重机配料斗 |
| 名称 | | | 单位 | 消耗量 | | |
| 人工 | 合计工日 | | 工日 | — | — | 0.0650 |
| | 其中 | 普工 | 工日 | — | — | 0.0260 |
| | | 一般技工 | 工日 | — | — | 0.0330 |
| | | 高级技工 | 工日 | — | — | 0.0070 |
| 材料 | 水 | | $m^3$ | 0.095 | 0.095 | — |
| 机械 | 混凝土输送泵车 $45m^3/h$ | | 台班 | — | 0.017 | — |
| | 混凝土输送泵车 $75m^3/h$ | | 台班 | 0.014 | — | — |
| | 汽车式起重机 12t | | 台班 | — | — | 0.031 |

## 2. 预制混凝土

**工作内容：**混凝土浇筑、捣固、抹平、养生；模板制作、安装、涂脱模剂、模板拆除、修理、整堆；安装就位、调直、找平等。

| 定额编号 | | | | 1-5-25 | 1-5-26 | 1-5-27 | 1-5-28 |
|---|---|---|---|---|---|---|---|
| 项目 | | | | 预制管廊制作 | | 预制管廊安装 | |
| | | | | 混凝土 | 模板 | $10m^2$ 以内 | $30m^2$ 以内 |
| | | | | $10m^3$ | $10m^2$ | 10m | 10m |
| 名称 | | | 单位 | 消耗量 | | | |
| 人工 | 合计工日 | | 工日 | 4.0980 | 3.2560 | 4.5000 | 9.3330 |
| | 其中 | 普工 | 工日 | 1.2290 | 1.3010 | 1.8000 | 3.7330 |
| | | 一般技工 | 工日 | 2.4590 | 1.6280 | 2.2500 | 4.6670 |
| | | 高级技工 | 工日 | 0.4100 | 0.3270 | 0.4500 | 0.9330 |
| 材料 | 预制钢筋混凝土管廊 $10m^2$ 以内 | | m | — | — | (10.000) | — |
| | 预制钢筋混凝土管廊 $30m^2$ 以内 | | m | — | — | — | (10.000) |
| | 电 | | kW·h | 3.657 | — | — | — |
| | 模板嵌缝料 | | kg | — | 0.500 | — | — |
| | 水 | | $m^3$ | 3.392 | — | — | — |
| | 脱模剂 | | kg | — | 1.000 | — | — |
| | 无纺土工布 | | $m^2$ | 0.579 | — | — | — |
| | 预拌混凝土 C30 P6 | | $m^3$ | 10.100 | — | — | — |
| | 预制管廊钢模板(精加工) | | kg | — | 8.750 | — | — |
| 机械 | 叉式起重机 40t | | 台班 | — | — | 0.500 | — |
| | 叉式起重机 80t | | 台班 | — | — | — | 0.667 |
| | 电动空气压缩机 $6m^3/min$ | | 台班 | — | 0.031 | — | — |
| | 门式起重机 50t | | 台班 | — | 0.031 | — | — |
| | 汽车式起重机 125t | | 台班 | — | — | 0.500 | — |
| | 汽车式起重机 300t | | 台班 | — | — | — | 0.667 |

工作内容：清洗管口、安装胶圈；配制密封胶、填塞、嵌缝、灌缝；安装止水带等。

计量单位：10m

| 定额编号 | | | | 1-5-29 | 1-5-30 | 1-5-31 | 1-5-32 |
|---|---|---|---|---|---|---|---|
| 项目 | | | | 承插式管廊接口 | | | |
| | | | | 弹性胶圈 | 遇水膨胀胶圈 | 密封胶嵌缝 | 外贴式橡胶止水带 |
| 名称 | | | 单位 | 消耗量 | | | |
| 人工 | 合计工日 | | 工日 | 1.1000 | 1.1000 | 0.7600 | 1.0000 |
| | 其中 | 普工 | 工日 | 0.4400 | 0.4400 | 0.3040 | 0.4000 |
| | | 一般技工 | 工日 | 0.5500 | 0.5500 | 0.4560 | 0.5000 |
| | | 高级技工 | 工日 | 0.1100 | 0.1100 | — | 0.1000 |
| 材料 | 聚苯乙烯泡沫塑料板 | | $m^3$ | — | — | 0.600 | — |
| | 润滑剂 | | kg | 0.601 | — | — | — |
| | 双组份聚硫密封胶 | | kg | — | — | 14.127 | — |
| | 万能胶(环氧树脂) | | kg | — | 0.069 | — | — |
| | 楔形弹性橡胶圈(三元乙丙密封胶条) | | 10m | 10.300 | — | — | — |
| | 遇水膨胀橡胶密封圈 | | m | — | 10.500 | — | — |
| | 自粘型橡胶止水带(宽25cm) | | m | — | — | — | 10.500 |

工作内容：装车、固定构件、运输、卸车及空回等。

计量单位：$10m^3$

| 定额编号 | | | | 1-5-33 |
|---|---|---|---|---|
| 项目 | | | | 预制构件场内运输 |
| 名称 | | | 单位 | 消耗量 |
| 人工 | 合计工日 | | 工日 | 0.1440 |
| | 其中 | 普工 | 工日 | 0.0570 |
| | | 一般技工 | 工日 | 0.0720 |
| | | 高级技工 | 工日 | 0.0140 |
| 材料 | 板枋材 | | $m^3$ | 0.018 |
| | 铁件(综合) | | kg | 0.100 |
| 机械 | 轮胎式起重机 提升质量(t)40 | | 台班 | 0.110 |
| | 平板拖车组 装载质量(t)60 | | 台班 | 0.142 |

# 3. 钢 筋 工 程

**工作内容：**制作、绑扎、安装等。　　　　计量单位：t

| 定额编号 | | | | 1-5-34 | 1-5-35 | 1-5-36 | 1-5-37 | 1-5-38 | 1-5-39 |
|---|---|---|---|---|---|---|---|---|---|
| 项　目 | | | | 圆钢直径(mm) | | | 带肋钢筋直径(mm) | | |
| | | | | ≤10 | ≤18 | >18 | ≤14 | ≤25 | >25 |
| 名　称 | | | 单位 | 消　耗　量 | | | | | |
| 人工 | 合计工日 | | 工日 | 13.1560 | 7.9820 | 5.913 | 10.0990 | 6.4990 | 4.5160 |
| | 其中 | 普工 | 工日 | 3.8150 | 2.3150 | 1.7150 | 2.9290 | 1.8850 | 1.3100 |
| | | 一般技工 | 工日 | 9.3410 | 5.6670 | 4.1980 | 7.1700 | 4.6140 | 3.2060 |
| 材料 | HPB300 ϕ14 | | kg | — | 1025.000 | — | — | — | — |
| | HPB300 ϕ20 | | kg | — | — | 1025.000 | — | — | — |
| | HPB300 ϕ8 | | kg | 1020.000 | — | — | — | — | — |
| | HRB400 ϕ12 | | kg | — | — | — | 1025.000 | — | — |
| | HRB400 ϕ20 | | kg | — | — | — | — | 1025.000 | — |
| | HRB400 ϕ28 | | kg | — | — | — | — | — | 1025.000 |
| | 低碳钢焊条(综合) | | kg | — | 2.780 | 2.780 | 2.780 | 2.780 | — |
| | 镀锌铁丝 ϕ0.7 | | kg | 12.250 | 7.000 | 4.900 | 8.170 | 4.900 | 3.500 |
| 机械 | 电焊条烘干箱 45×35×45(cm) | | 台班 | — | 0.033 | 0.033 | 0.033 | 0.033 | — |
| | 钢筋调直机 14mm | | 台班 | 0.468 | — | — | — | — | — |
| | 钢筋切断机 40mm | | 台班 | 0.191 | 0.097 | 0.097 | 0.113 | 0.097 | 0.083 |
| | 钢筋弯曲机 40mm | | 台班 | 0.393 | 0.333 | 0.275 | 0.334 | 0.275 | 0.148 |
| | 直流弧焊机 32kV·A | | 台班 | — | 0.330 | 0.330 | 0.330 | 0.330 | — |

**工作内容：**制作、绑扎、安装等。　　　　计量单位：t

| 定额编号 | | | | 1-5-40 | 1-5-41 | 1-5-42 | 1-5-43 |
|---|---|---|---|---|---|---|---|
| 项　目 | | | | 冷轧扭钢筋直径(mm) | | 箍筋直径(mm) | |
| | | | | ≤10 | >10 | ≤8 | >8 |
| 名　称 | | | 单位 | 消　耗　量 | | | |
| 人工 | 合计工日 | | 工日 | 11.5100 | 7.8380 | 18.6700 | 13.2700 |
| | 其中 | 普工 | 工日 | 3.3380 | 2.2730 | 5.4140 | 3.8480 |
| | | 一般技工 | 工日 | 8.1720 | 5.5650 | 13.2560 | 9.4220 |
| 材料 | HPB300 ϕ10 | | kg | — | — | — | 1020.000 |
| | HPB300 ϕ8 | | kg | — | — | 1020.000 | — |
| | 镀锌铁丝 ϕ0.7 | | kg | 12.250 | 8.170 | 8.800 | 5.640 |
| | 冷轧扭钢筋 ϕ12 | | kg | — | 1025.000 | — | — |
| | 冷轧扭钢筋 ϕ8 | | kg | 1020.000 | — | — | — |
| 机械 | 电动单筒快速卷扬机 5kN | | 台班 | — | — | 0.320 | 0.300 |
| | 钢筋调直机 14mm | | 台班 | 0.468 | — | — | — |
| | 钢筋切断机 40mm | | 台班 | 0.191 | 0.113 | 0.180 | 0.120 |
| | 钢筋弯曲机 40mm | | 台班 | 0.393 | 0.334 | 1.230 | 0.850 |

**工作内容:**除锈、制作、运输、安装、焊接(绑扎)等。

计量单位:t

| 定额编号 | | | | 1-5-44 | 1-5-45 | 1-5-46 | 1-5-47 |
|---|---|---|---|---|---|---|---|
| 项目 | | | | 混凝土灌注桩钢筋笼 | | 钢筋网片 | 砌体内加固钢筋 |
| | | | | 圆钢 | 带肋钢筋 | | |
| 名称 | | | 单位 | 消耗量 | | | |
| 人工 | 合计工日 | | 工日 | 5.6740 | 5.4990 | 10.9060 | 22.5800 |
| | 其中 | 普工 | 工日 | 1.7030 | 1.6500 | 3.2710 | 6.7740 |
| | | 一般技工 | 工日 | 3.4040 | 3.2990 | 6.5440 | 13.5480 |
| | | 高级技工 | 工日 | 0.5670 | 0.5500 | 1.0910 | 2.2580 |
| 材料 | 低合金钢焊条 E43 系列 | | kg | — | 6.720 | — | — |
| | 镀锌铁丝 φ0.7 | | kg | 9.597 | 3.373 | — | — |
| | 钢筋(综合) | | kg | — | 1025.000 | — | — |
| | 钢筋网片 | | t | — | — | 1.030 | — |
| | 圆钢(综合) | | t | 1.020 | — | — | 1.020 |
| | 其他材料费 | | % | 1.300 | 1.300 | 1.300 | — |
| 机械 | 点焊机 75kV·A | | 台班 | — | — | 1.070 | — |
| | 电焊条烘干箱 45×35×45(cm) | | 台班 | — | 0.056 | — | — |
| | 对焊机 75kV·A | | 台班 | — | 0.110 | — | — |
| | 钢筋调直机 14mm | | 台班 | 0.290 | — | 0.230 | — |
| | 钢筋调直机 40mm | | 台班 | — | — | — | 0.690 |
| | 钢筋切断机 40mm | | 台班 | 0.130 | 0.100 | 0.120 | 0.690 |
| | 钢筋弯曲机 40mm | | 台班 | 0.420 | 0.140 | — | — |
| | 轮胎式起重机 16t | | 台班 | 0.180 | 0.180 | — | — |
| | 直流弧焊机 32kV·A | | 台班 | — | 0.560 | — | — |

**工作内容:**对接、熔焊、清渣。

计量单位:10 个接头

| 定额编号 | | | | 1-5-48 | 1-5-49 |
|---|---|---|---|---|---|
| 项目 | | | | 电渣压力焊直径(mm) | |
| | | | | 14~18 | 20~32 |
| 名称 | | | 单位 | 消耗量 | |
| 人工 | 合计工日 | | 工日 | 0.4310 | 0.5360 |
| | 其中 | 普工 | 工日 | 0.1250 | 0.1550 |
| | | 一般技工 | 工日 | 0.3060 | 0.3810 |
| 材料 | 焊剂 | | kg | 0.200 | 0.300 |
| | 石棉垫 | | kg | 0.100 | 0.100 |
| 机械 | 电渣焊机 1000A | | 台班 | 0.060 | 0.070 |

**工作内容：**钢筋连接套筒一端在加工棚挤压，钢筋连接套筒另一端在施工作业点连接。

计量单位:100 个

| 定额编号 | | | | 1-5-50 | 1-5-51 | 1-5-52 | 1-5-53 |
|---|---|---|---|---|---|---|---|
| 项目 | | | | 钢筋挤压套筒连接直径(mm) | | | |
| | | | | 22 | 25 | 28 | 32 |
| 名称 | | | 单位 | 消耗量 | | | |
| 人工 | 合计工日 | | 工日 | 6.5630 | 6.5630 | 7.0250 | 7.0250 |
| | 其中 | 普工 | 工日 | 1.9030 | 1.9030 | 2.0370 | 2.0370 |
| | | 一般技工 | 工日 | 4.6600 | 4.6600 | 4.9880 | 4.9880 |
| 材料 | 挤压套筒 $\phi$22 | | 个 | 101.000 | — | — | — |
| | 挤压套筒 $\phi$25 | | 个 | — | 101.000 | — | — |
| | 挤压套筒 $\phi$28 | | 个 | — | — | 101.000 | — |
| | 挤压套筒 $\phi$32 | | 个 | — | — | — | 101.000 |
| 机械 | 高压油泵 80MPa | | 台班 | 1.670 | 1.670 | 1.670 | 1.670 |

**工作内容：**钢筋墩头、套丝加工、加工后拧紧一端连接套，另一端戴保护帽，现场取出保护帽将待连接钢筋紧固连接。

计量单位:100 个

| 定额编号 | | | | 1-5-54 | 1-5-55 | 1-5-56 | 1-5-57 |
|---|---|---|---|---|---|---|---|
| 项目 | | | | 直螺纹套筒接头直径(mm) | | | |
| | | | | 22 | 25 | 28 | 32 |
| 名称 | | | 单位 | 消耗量 | | | |
| 人工 | 合计工日 | | 工日 | 9.6810 | 9.6810 | 10.3320 | 10.3320 |
| | 其中 | 普工 | 工日 | 2.8070 | 2.8070 | 2.9960 | 2.9960 |
| | | 一般技工 | 工日 | 6.8740 | 6.8740 | 7.3360 | 7.3360 |
| 材料 | 调和漆 | | kg | 1.000 | 1.000 | 1.000 | 1.000 |
| | 尼龙帽 $\phi$1.5 | | 个 | 200.000 | 200.000 | 200.000 | 200.000 |
| | 直螺纹连接套筒 $\phi$22 | | 个 | 101.000 | — | — | — |
| | 直螺纹连接套筒 $\phi$25 | | 个 | — | 101.000 | — | — |
| | 直螺纹连接套筒 $\phi$28 | | 个 | — | — | 101.000 | — |
| | 直螺纹连接套筒 $\phi$32 | | 个 | — | — | — | 101.000 |
| 机械 | 钢筋镦粗机 4kW | | 台班 | 0.500 | 0.500 | 0.500 | 0.500 |
| | 螺栓套丝机 39mm | | 台班 | 1.800 | 2.100 | 2.400 | 2.700 |

工作内容:铁件埋设、焊接固定。

计量单位:t

| 定额编号 | | | | 1-5-58 | 1-5-59 |
|---|---|---|---|---|---|
| 项目 | | | | 铁件制作、安装 | |
| | | | | 预埋铁件 | 止水螺杆 |
| 名称 | | | 单位 | 消耗量 | |
| 人工 | 合计工日 | | 工日 | 38.3100 | 43.3500 |
| | 其中 | 普工 | 工日 | 11.1100 | 12.5710 |
| | | 一般技工 | 工日 | 27.2000 | 30.7790 |
| 材料 | HPB300 $\phi$10 以内 | | kg | 243.000 | — |
| | HPB300 $\phi$20 以内 | | kg | — | 1040.000 |
| | 低碳钢焊条(综合) | | kg | 29.130 | 11.580 |
| | 汽油 70#~90# | | kg | — | 3.090 |
| | 型钢(综合) | | kg | 139.000 | — |
| | 氧气 | | $m^3$ | 10.600 | — |
| | 乙炔气 | | kg | 3.530 | — |
| | 中厚钢板 $\delta$15 以内 | | kg | 673.000 | — |
| 机械 | 电焊条烘干箱 45×35×45(cm) | | 台班 | 0.411 | 0.163 |
| | 钢筋切断机 40mm | | 台班 | 0.060 | 0.080 |
| | 直流弧焊机 32kV·A | | 台班 | 4.110 | 1.634 |

工作内容:钻孔、清空、装胶等。

计量单位:100 个

| 定额编号 | | | | 1-5-60 | 1-5-61 | 1-5-62 | 1-5-63 | 1-5-64 |
|---|---|---|---|---|---|---|---|---|
| 项目 | | | | 钢筋植筋增加费直径(mm) | | | | |
| | | | | ≤10 | ≤14 | ≤18 | ≤25 | ≤32 |
| 名称 | | | 单位 | 消耗量 | | | | |
| 人工 | 合计工日 | | 工日 | 2.7250 | 6.1240 | 12.9320 | 34.9250 | 41.0460 |
| | 其中 | 普工 | 工日 | 0.7900 | 1.7760 | 3.7500 | 10.1280 | 11.9030 |
| | | 一般技工 | 工日 | 1.9350 | 4.3480 | 9.1820 | 24.7970 | 29.1430 |
| 材料 | 电 | | kW·h | 18.386 | 34.299 | 79.426 | 244.898 | 311.855 |
| | 强力植筋胶 | | L | 1.179 | 3.233 | 6.873 | 24.530 | 37.944 |

**工作内容：**制作、穿筋、张拉、孔道灌浆、锚固、放张、切断等。　　**计量单位：**t

| 定额编号 | | | | 1-5-65 | 1-5-66 | 1-5-67 | 1-5-68 |
|---|---|---|---|---|---|---|---|
| 项　目 | | | | 后张法预应力钢筋直径(mm) | | | |
| | | | | ≤φ20 | ≤φ25 | ≤φ32 | ≤φ40 |
| 名　称 | | | 单位 | 消 耗 量 | | | |
| 人工 | 合计工日 | | 工日 | 14.1000 | 10.7190 | 8.6510 | 7.2230 |
| | 其中 | 普工 | 工日 | 2.8200 | 2.1440 | 1.7300 | 1.4450 |
| | | 一般技工 | 工日 | 11.2800 | 8.5760 | 6.9210 | 5.7780 |
| 材料 | 孔道成型钢管 | | kg | 51.350 | 33.010 | 22.800 | 12.840 |
| | 冷拉设备摊销 | | kg | 88.200 | 37.800 | 19.910 | 22.050 |
| | 水 | | $m^3$ | 0.520 | 0.430 | 0.560 | 0.630 |
| | 素水泥浆 | | $m^3$ | 1.053 | 0.680 | 0.410 | 0.260 |
| | 预应力螺纹钢筋 φ20 | | kg | 1060.000 | — | — | — |
| | 预应力螺纹钢筋 φ25 | | kg | — | 1060.000 | — | — |
| | 预应力螺纹钢筋 φ32 | | kg | — | — | 1060.000 | — |
| | 预应力螺纹钢筋 φ40 | | kg | — | — | — | 1060.000 |
| | 张拉锚具及其他材料 | | kg | 58.800 | 56.700 | 34.200 | 14.700 |
| | 其他材料费 | | % | 1.000 | 1.000 | 1.000 | 1.000 |
| 机械 | 电动单筒慢速卷扬机 50kN | | 台班 | 0.600 | 0.540 | 0.490 | 0.400 |
| | 对焊机 75kV·A | | 台班 | 0.320 | 0.270 | 0.390 | 0.350 |
| | 钢筋切断机 40mm | | 台班 | 0.080 | 0.080 | 0.080 | 0.080 |
| | 灰浆搅拌机 200L | | 台班 | 1.140 | 0.730 | 0.440 | 0.290 |
| | 挤压式灰浆输送泵 $3m^3/h$ | | 台班 | 1.140 | 0.730 | 0.440 | 0.290 |
| | 预应力钢筋拉伸机 650kN | | 台班 | 1.010 | 0.710 | 0.420 | 0.260 |

**工作内容：**波纹管、三通制作、安装、固定，胶管充水、安放定位、抽拔清洗；钢绞线切断、穿管、安装，无粘结预应力钢绞线(包括涂包)下料、安放绑扎；砂浆配制、拌和、运输、管道压浆等。

| 定额编号 | | | 1-5-69 | 1-5-70 | 1-5-71 | 1-5-72 | 1-5-73 |
|---|---|---|---|---|---|---|---|
| 项目 | | | 钢绞线 | | | | 有粘结钢绞线 |
| | | | 孔道成型 | | 制作、安装 | | 孔道注浆 |
| | | | 波纹管 | 胶管 | 有粘结 | 无粘结 | |
| | | | 100m | 100m | t | t | 100m |
| 名称 | | 单位 | 消耗量 | | | | |
| 人工 | 合计工日 | 工日 | 6.9000 | 3.6900 | 17.0000 | 15.0000 | 1.6000 |
| | 其中 普工 | 工日 | 1.3800 | 0.7380 | 3.4000 | 3.0000 | 0.3200 |
| | 其中 一般技工 | 工日 | 5.5200 | 2.9520 | 13.6000 | 12.0000 | 1.2800 |
| 材料 | 波纹管 $\phi$50 | m | 108.140 | — | — | — | — |
| | 钢绞线(综合) | kg | — | — | 1060.000 | 1060.000 | — |
| | 钢绞线涂包费 | kg | — | — | — | 1060.000 | — |
| | 建筑脂(无粘结预应力) | kg | — | — | — | 2.100 | — |
| | 胶带纸 | 卷 | — | — | — | 10.260 | — |
| | 胶管 $D$50 | m | — | 2.040 | — | — | — |
| | 木模板 | $m^3$ | — | — | 0.113 | 0.113 | — |
| | 其他铁件 | kg | — | — | 48.790 | 11.190 | — |
| | 砂轮片(综合) | 片 | — | — | 10.300 | 10.300 | — |
| | 水 | $m^3$ | — | — | — | — | 1.000 |
| | 素水泥浆 | $m^3$ | — | — | — | — | 0.206 |
| 机械 | 灰浆搅拌机 200L | 台班 | — | — | — | — | 0.150 |
| | 挤压式灰浆输送泵 $3m^3/h$ | 台班 | — | — | — | — | 0.150 |

**工作内容：**锚具安放、钢绞线张拉；无粘结预应力钢绞线端头封闭。

| 定额编号 | | | 1-5-74 | 1-5-75 | 1-5-76 |
|---|---|---|---|---|---|
| 项目 | | | 后张法预应力有粘结和无粘结钢绞线张拉 | | 无粘结预应力钢绞线 |
| | | | 单端张拉 | 双端张拉 | 端头封闭 |
| | | | 100根 | 100根 | 100个 |
| 名称 | | 单位 | 消耗量 | | |
| 人工 | 合计工日 | 工日 | 18.0000 | 22.5000 | 8.0000 |
| | 其中 普工 | 工日 | 3.6000 | 4.5000 | 1.6000 |
| | 其中 一般技工 | 工日 | 14.4000 | 18.0000 | 6.4000 |
| 材料 | 白铝粉 | kg | — | — | 4.900 |
| | 工具锚 | 套 | 0.200 | 0.200 | — |
| | 环氧砂浆 1:0.07:2:4 | $m^3$ | — | — | 0.003 |
| | 锚具(综合) | 套 | 204.000 | 204.000 | — |
| | 杉木板枋材 | $m^3$ | — | — | 0.044 |
| | 现浇混凝土 C20 | $m^3$ | — | — | 0.200 |
| | 穴模(后张法用) | 套 | 204.000 | 204.000 | — |
| 机械 | 高压油泵 50MPa | 台班 | 4.000 | 5.000 | — |
| | 预应力钢筋拉伸机 650kN | 台班 | 4.000 | 5.000 | — |

**工作内容**：钢筋装车、运输、卸车；垂直运输。　　　　**计量单位**：10t

| 定额编号 | | | | 1-5-77 | 1-5-78 | 1-5-79 | 1-5-80 |
|---|---|---|---|---|---|---|---|
| 项目 | | | | 加工钢筋运输 | | | |
| | | | | 水平运输 | | | 垂直运输 |
| | | | | 场外运距 | | 场内运距 | |
| | | | | 1km | 每增1km | 500m内每增50m | |
| 名称 | | | 单位 | 消耗量 | | | |
| 人工 | 合计工日 | | 工日 | 1.8730 | — | 0.2100 | 2.1000 |
| | 其中 | 普工 | 工日 | 0.3750 | — | 0.2100 | 0.4200 |
| | | 一般技工 | 工日 | 1.4980 | — | — | 1.6800 |
| 机械 | 汽车式起重机 12t | | 台班 | — | — | — | 0.550 |
| | 载重汽车 6t | | 台班 | 0.490 | 0.050 | — | — |

**工作内容**：吊运入槽、校正对接、就位固定。　　　　**计量单位**：10t

| 定额编号 | | | | 1-5-81 |
|---|---|---|---|---|
| 项目 | | | | 现浇灌注桩钢筋笼安放 |
| 名称 | | | 单位 | 消耗量 |
| 人工 | 合计工日 | | 工日 | 4.2000 |
| | 其中 | 普工 | 工日 | 0.8400 |
| | | 一般技工 | 工日 | 3.3600 |
| 机械 | 汽车式起重机 12t | | 台班 | 1.066 |

# 第六章　门 窗 工 程

# 说 明

一、本章定额包括铝合金门,塑钢、彩钢板门,钢质防火、防盗门,特种门,其他门,铝合金窗,塑钢窗,彩钢板窗、防盗窗和配件等项目。

二、门、窗。

1. 金属门连窗,门、窗应分别执行相应项目。

2. 彩板钢窗附框安装执行彩板钢门附框安装项目。

3. 射线防护门安装项目包括筒子板制作安装。

4. 全玻璃门扇安装项目按地弹门考虑,其中地弹簧消耗量可按实际调整。

5. 全玻璃门门框、横梁、立柱钢架的制作安装,按本章门钢架相应项目执行。

6. 全玻璃门有框亮子安装按全玻璃有框门扇安装项目执行,人工乘以系数0.75,地弹簧换为膨胀螺栓,消耗量调整为277.55个/100$m^2$;无框亮子安装按固定玻璃安装项目执行。

7. 金属卷帘(闸)项目是按卷帘侧装(即安装在洞口内侧或外侧)考虑的,当设计为中装(即安装在洞口中)时,按相应项目执行,其中人工乘以系数1.10。

8. 金属卷帘(闸)项目是按不带活动小门考虑的,当设计为带活动小门时,按相应项目执行,其中人工乘以系数1.07,材料调整为带活动小门金属卷帘(闸)。

9. 防火卷帘(闸)(无机布基防火卷帘除外)按镀锌钢板卷帘(闸)项目执行,并将材料中的镀锌钢板卷帘换为相应的防火卷帘。

10. 电子感应自动门传感装置、金属卷帘(闸)电动装置安装已包括调试用工。

三、五金配件。

1. 成品金属门窗、特种门、其他门安装项目包括普通五金配件安装人工,普通五金材料费包括在成品门窗价格中。

2. 成品全玻璃门扇安装项目中仅包括地弹簧安装的人工和材料费,设计要求的其他五金按配件相应项目另计。

# 工程量计算规则

一、铝合金门窗、塑钢门窗均按设计图示门、窗洞口面积计算。

二、门连窗按设计图示洞口面积分别计算门、窗面积,其中窗的宽度算至门框的外边线。

三、封闭窗安装按设计图示框型材外边线尺寸以展开面积计算。

四、钢质防火门、防盗门按设计图示门洞口面积计算。

五、防盗窗按设计图示窗框外围面积计算。

六、彩板钢门窗按设计图示门、窗洞口面积计算。彩板钢门窗附框按框中心线长度计算。

七、特种门按设计图示门洞口面积计算。

八、全玻有框门扇按设计图示扇边框外边线尺寸以扇面积计算。

九、全玻无框(条夹)门扇按设计图示扇面积计算,高度算至条夹外边线、宽度算至玻璃外边线。

十、全玻无框(点夹)门扇按设计图示玻璃外边线尺寸以扇面积计算。

十一、门钢架按设计图示尺寸以质量计算。

十二、无框亮子按设计图示门框与横梁或立柱内边缘尺寸玻璃面积计算。传感装置按设计图示套数计算。

十三、金属卷帘(闸)按设计图示卷帘门宽度乘以卷帘门高度(包括卷帘箱高度)以面积计算。

十四、电动装置安装按设计图示套数计算。

# 1.铝合金门

**工作内容:**开箱、解捆、定位、划线、吊正、找平、安装、框周边塞缝等。　　**计量单位:**100m²

| 定额编号 | | | | 1-6-1 | 1-6-2 |
|---|---|---|---|---|---|
| 项目 | | | | 隔热断桥铝合金门安装 | |
| | | | | 推拉 | 平开 |
| 名称 | | | 单位 | 消耗量 | |
| 人工 | 合计工日 | | 工日 | 29.5350 | 33.1200 |
| | 其中 | 普工 | 工日 | 8.8600 | 9.9360 |
| | | 一般技工 | 工日 | 17.7210 | 19.8720 |
| | | 高级技工 | 工日 | 2.9540 | 3.3120 |
| 材料 | 电 | | kW·h | 7.000 | 7.000 |
| | 硅酮耐候密封胶 | | kg | 66.706 | 86.029 |
| | 聚氨酯发泡密封胶(750mL/支) | | 支 | 99.840 | 123.084 |
| | 铝合金隔热断桥平开门(含中空玻璃) | | m² | — | 96.040 |
| | 铝合金隔热断桥推拉门(含中空玻璃) | | m² | 96.980 | — |
| | 铝合金门窗配件固定连接铁件(地脚) 3×30×300(mm) | | 个 | 445.913 | 575.453 |
| | 塑料膨胀螺栓 | | 套 | 445.913 | 575.453 |
| | 其他材料费 | | % | 0.200 | 0.200 |

## 2. 塑钢、彩钢板门

**工作内容：**开箱、解捆、定位、划线、吊正、找平、安装、框周边塞缝；校正框扇、安装玻璃、装配五金、焊接、框周边塞缝等。

| 定额编号 | | | | 1-6-3 | 1-6-4 | 1-6-5 | 1-6-6 |
|---|---|---|---|---|---|---|---|
| 项　目 | | | | 塑钢成品门安装 | | 彩板钢门安装 | |
| | | | | 推拉 | 平开 | 附框 | 门 |
| | | | | $100m^2$ | $100m^2$ | 100m | $100m^2$ |
| 名　称 | | | 单位 | 消　耗　量 | | | |
| 人工 | 合计工日 | | 工日 | 20.5430 | 24.8440 | 3.5480 | 25.9130 |
| | 其中 | 普工 | 工日 | 6.1630 | 7.4540 | 1.0640 | 7.7740 |
| | | 一般技工 | 工日 | 12.3260 | 14.9060 | 2.1290 | 15.5480 |
| | | 高级技工 | 工日 | 2.0540 | 2.4840 | 0.3550 | 2.5910 |
| 材料 | 彩钢板门 | | $m^2$ | — | — | — | 94.560 |
| | 低碳钢焊条 J422$\phi$4.0 | | kg | — | — | 1.850 | — |
| | 电 | | kW·h | 7.000 | 7.000 | — | — |
| | 镀锌自攻螺钉 ST5×16 | | 个 | — | — | 4.100 | 510.000 |
| | 附框 | | m | — | — | 103.000 | — |
| | 硅酮耐候密封胶 | | kg | 66.706 | 86.029 | — | — |
| | 聚氨酯发泡密封胶（750mL/支） | | 支 | 116.262 | 143.322 | — | — |
| | 铝合金门窗配件固定连接铁件（地脚）3×30×300(mm) | | 个 | 445.913 | 575.453 | 203.000 | — |
| | 密封油膏 | | kg | — | — | 8.900 | 44.900 |
| | 塑钢平开门 | | $m^2$ | — | 96.040 | — | — |
| | 塑钢推拉门 | | $m^2$ | 96.980 | — | — | — |
| | 塑料盖 | | 个 | — | — | — | 510.000 |
| | 塑料膨胀螺栓 | | 套 | 445.913 | 575.453 | — | — |
| | 橡胶密封条单 | | m | — | — | — | 655.600 |
| | 其他材料费 | | % | 0.200 | 0.200 | — | — |
| 机械 | 交流弧焊机 40kV·A | | 台班 | — | — | 0.080 | — |

## 3. 钢质防火、防盗门

**工作内容：**门洞修整、防火门安装、框周边塞缝；打眼剔洞，框扇、防盗门安装校正、焊接，框周边塞缝。

**计量单位：**100m²

| 定额编号 | | | | 1-6-7 | 1-6-8 |
|---|---|---|---|---|---|
| 项目 | | | | 钢质防火门安装 | 钢质防盗门安装 |
| 名称 | | | 单位 | 消耗量 | |
| 人工 | 合计工日 | | 工日 | 31.5000 | 31.5000 |
| | 其中 | 普工 | 工日 | 9.4500 | 9.4500 |
| | | 一般技工 | 工日 | 18.9000 | 18.9000 |
| | | 高级技工 | 工日 | 3.1500 | 3.1500 |
| 材料 | 低碳钢焊条 J422$\phi$4.0 | | kg | — | 9.690 |
| | 电 | | kW·h | 11.450 | 11.450 |
| | 钢制防盗门 | | m² | — | 97.810 |
| | 钢质防火门 | | m² | 98.250 | — |
| | 水泥砂浆 1:3 | | m³ | 1.351 | 0.260 |
| | 铁件（综合） | | kg | — | 95.779 |
| | 其他材料费 | | % | 0.100 | 0.100 |
| 机械 | 交流弧焊机 21kV·A | | 台班 | — | 0.410 |

## 4. 特 种 门

**工作内容：**门安装、五金安装等。

**计量单位：**100m²

| 定额编号 | | | | 1-6-9 | 1-6-10 | 1-6-11 | 1-6-12 | 1-6-13 |
|---|---|---|---|---|---|---|---|---|
| 项目 | | | | 保温门安装 | 变电室门安装 | 射线防护门安装 | 人防门安装 | |
| | | | | | | | 钢筋混凝土防护密闭门 | 钢结构防护密闭门 |
| 名称 | | | 单位 | 消耗量 | | | | |
| 人工 | 合计工日 | | 工日 | 71.2500 | 85.2800 | 32.4750 | 35.7220 | 37.3462 |
| | 其中 | 普工 | 工日 | 21.3750 | 25.5840 | 9.7420 | 10.7162 | 11.2033 |
| | | 一般技工 | 工日 | 42.7500 | 51.1680 | 19.4850 | 21.4335 | 22.4078 |
| | | 高级技工 | 工日 | 7.1250 | 8.5280 | 3.2480 | 3.5728 | 3.7352 |
| 材料 | 保温门 | | m² | 100.000 | — | — | — | — |
| | 变电室门 | | m² | — | 100.000 | — | — | — |
| | 低碳钢焊条 J422（综合） | | kg | 25.500 | 85.600 | 31.100 | 31.100 | 31.100 |
| | 防射线门 | | m² | — | — | 100.000 | — | — |
| | 钢结构防护密闭门 | | m² | — | — | — | — | 100.000 |
| | 钢筋混凝土防护密闭门 | | m² | — | — | — | 100.000 | — |
| | 铁件（综合） | | kg | 105.000 | 124.700 | 98.800 | 98.800 | 98.800 |
| | 预埋铁件 | | kg | — | — | 124.700 | 124.700 | 124.700 |
| | 其他材料费 | | % | 1.500 | 1.500 | 1.500 | 1.500 | 1.500 |
| 机械 | 交流弧焊机 21kV·A | | 台班 | 1.070 | 3.610 | 1.310 | 1.310 | 1.310 |

## 5.其　他门

**工作内容**:定位,安装地弹簧、门扇(玻璃),校正等。

计量单位:100$m^2$

| 定额编号 | | | 1-6-14 | 1-6-15 | 1-6-16 | 1-6-17 |
|---|---|---|---|---|---|---|
| 项目 | | | 全玻璃门扇安装 | | | 固定玻璃安装 |
| | | | 有框门扇 | 无框(条夹)门扇 | 无框(点夹)门扇 | |
| 名称 | | 单位 | 消耗量 | | | |
| 人工 | 合计工日 | 工日 | 41.5600 | 41.5600 | 43.7500 | 18.4500 |
| | 其中 普工 | 工日 | 12.4680 | 12.4680 | 13.1250 | 5.5350 |
| | 其中 一般技工 | 工日 | 24.9360 | 24.9360 | 26.2500 | 11.0700 |
| | 其中 高级技工 | 工日 | 4.1560 | 4.1560 | 4.3750 | 1.8450 |
| 材料 | 地弹簧 | 套 | 45.804 | 45.804 | 45.804 | — |
| | 钢化玻璃 δ12 | $m^2$ | — | — | — | 123.900 |
| | 全玻无框(点夹)门扇 | $m^2$ | — | — | 100.000 | — |
| | 全玻无框(条夹)门扇 | $m^2$ | — | 100.000 | — | — |
| | 全玻有框门扇 | $m^2$ | 100.000 | — | — | — |
| | 水泥砂浆 1:2 | $m^3$ | 0.340 | 0.340 | 0.340 | — |
| | 其他材料费 | % | — | — | — | 0.100 |

**工作内容**:放样、划线、截料、平直、钻孔、拼装、焊接、补刷防锈漆;定位,弹线,安装(轨道、门、电动装置),调试,清理等。

| 定额编号 | | | 1-6-18 | 1-6-19 |
|---|---|---|---|---|
| 项目 | | | 钢架制作、安装 | 电子感应自动门传感装置 |
| | | | t | 套 |
| 名称 | | 单位 | 消耗量 | |
| 人工 | 合计工日 | 工日 | 15.5400 | 1.8750 |
| | 其中 普工 | 工日 | 4.6620 | 0.5620 |
| | 其中 一般技工 | 工日 | 9.3240 | 1.1250 |
| | 其中 高级技工 | 工日 | 1.5540 | 0.1880 |
| 材料 | 不锈钢玻璃门传感装置 | 套 | — | 1.000 |
| | 低碳钢焊条 J422$\phi$4.0 | kg | 27.485 | 0.500 |
| | 镀锌铁丝 $\phi$1.6~1.2 | kg | 0.011 | — |
| | 红丹防锈漆 | kg | 6.780 | — |
| | 角钢 50 | t | 1.080 | 0.004 |
| | 金属膨胀螺栓 M8 | 套 | — | 6.120 |
| | 木材(成材) | $m^3$ | 0.013 | — |
| | 氧气 | $m^3$ | 1.500 | — |
| | 乙炔气 | $m^3$ | 0.870 | — |
| | 油漆溶剂油 | kg | 0.700 | — |
| 机械 | 交流弧焊机 21kV·A | 台班 | 1.160 | 0.020 |

**工作内容：**支架、导槽、附件安装，卷帘、门锁（电动装置）安装、试开关等。

| 定额编号 | | | | 1-6-20 | 1-6-21 | 1-6-22 | 1-6-23 | 1-6-24 |
|---|---|---|---|---|---|---|---|---|
| 项目 | | | | 卷帘（闸） | | | | 卷帘（闸）电动装置 |
| | | | | 镀锌钢板 | 铝合金 | 彩钢板 | 不锈钢 | |
| | | | | 100m² | 100m² | 100m² | 100m² | 套 |
| 名称 | | | 单位 | 消耗量 | | | | |
| 人工 | 合计工日 | | 工日 | 44.9250 | 49.5000 | 49.5000 | 49.9500 | 2.2500 |
| | 其中 | 普工 | 工日 | 13.4770 | 14.8500 | 14.8500 | 14.9850 | 0.6750 |
| | | 一般技工 | 工日 | 26.9550 | 29.7000 | 29.7000 | 29.9700 | 1.3500 |
| | | 高级技工 | 工日 | 4.4930 | 4.9500 | 4.9500 | 4.9950 | 0.2250 |
| 材料 | 不锈钢焊条（综合） | | kg | — | — | — | 5.712 | — |
| | 不锈钢卷帘 | | m² | — | — | — | 100.000 | — |
| | 彩钢卷帘 | | m² | — | — | 100.000 | — | — |
| | 低碳钢焊条 J422ϕ4.0 | | kg | 5.100 | 9.500 | 9.500 | — | 3.200 |
| | 电动装置 | | 套 | — | — | — | — | 1.000 |
| | 镀锌钢板卷帘 | | m² | 100.000 | — | — | — | — |
| | 铝合金卷帘 | | m² | — | 100.000 | — | — | — |
| | 膨胀螺栓 M12×100 | | 套 | 530.002 | 530.002 | 530.002 | 530.002 | — |
| | 铁件（综合） | | kg | 28.799 | 28.799 | 28.799 | 28.799 | — |
| 机械 | 交流弧焊机 21kV·A | | 台班 | 0.210 | 0.400 | 0.400 | 0.240 | 0.130 |

## 6. 铝合金窗

工作内容：开箱、解捆、定位、划线、吊正、找平、安装、框周边塞缝等。　　计量单位：100m²

| 定额编号 | | | | 1－6－25 | 1－6－26 | 1－6－27 | 1－6－28 | 1－6－29 | 1－6－30 |
|---|---|---|---|---|---|---|---|---|---|
| 项目 | | | | 隔热断桥铝合金 | | | | 铝合金 | |
| | | | | 普通窗安装 | | | 封闭窗安装 | 固定窗安装 | 百叶窗安装 |
| | | | | 推拉 | 平开 | 内平开下悬 | | | |
| 名称 | | | 单位 | 消耗量 | | | | | |
| 人工 | 合计工日 | | 工日 | 18.0360 | 22.4820 | 28.0190 | 28.2770 | 16.8010 | 16.8010 |
| | 其中 | 普工 | 工日 | 5.4100 | 6.7450 | 8.4060 | 8.4830 | 5.0400 | 5.0400 |
| | | 一般技工 | 工日 | 10.8220 | 13.4890 | 16.8110 | 16.9660 | 10.0810 | 10.0810 |
| | | 高级技工 | 工日 | 1.8040 | 2.2480 | 2.8020 | 2.8280 | 1.6800 | 1.6800 |
| 材料 | 电 | | kW·h | 7.000 | 7.000 | 7.000 | 7.000 | 7.000 | 7.000 |
| | 隔热断桥铝合金阳台封闭窗（含中空玻璃） | | m² | — | — | — | 100.000 | — | — |
| | 硅酮耐候密封胶 | | kg | 98.717 | 102.242 | 102.242 | 65.863 | 150.896 | 150.896 |
| | 聚氨酯发泡密封胶（750mL/支） | | 支 | 142.719 | 151.372 | 151.372 | 98.894 | 222.976 | 222.976 |
| | 铝合金百叶窗 | | m² | — | — | — | — | — | 92.540 |
| | 铝合金隔热断桥内平开下悬窗（含中空玻璃） | | m² | — | — | 94.590 | — | — | — |
| | 铝合金隔热断桥平开窗（含中空玻璃） | | m² | — | 94.590 | — | — | — | — |
| | 铝合金隔热断桥推拉窗（含中空玻璃） | | m² | 95.430 | — | — | — | — | — |
| | 铝合金固定窗 | | m² | — | — | — | — | 92.540 | — |
| | 铝合金门窗配件固定连接铁件（地脚）3×30×300（mm） | | 个 | 552.642 | 714.555 | 714.555 | 452.662 | 552.642 | 552.642 |
| | 塑料膨胀螺栓 | | 套 | 558.113 | 721.630 | 721.630 | 457.144 | 558.113 | 558.113 |
| | 其他材料费 | | % | 0.200 | 0.200 | 0.200 | 0.200 | 0.200 | 0.200 |

## 7. 塑　钢　窗

**工作内容：**开箱、解捆、定位、划线、吊正、找平、安装、框周边塞缝等。　　**计量单位：**$100m^2$

| 定额编号 | | | | 1-6-31 | 1-6-32 | 1-6-33 |
|---|---|---|---|---|---|---|
| 项　目 | | | | 塑钢成品窗安装 | | |
| | | | | 推拉 | 平开 | 内平开下悬 |
| 名　称 | | | 单位 | 消　耗　量 | | |
| 人工 | 合计工日 | | 工日 | 14.8720 | 18.4500 | 22.8710 |
| | 其中 | 普工 | 工日 | 4.4620 | 5.5350 | 6.8610 |
| | | 一般技工 | 工日 | 8.9230 | 11.0700 | 13.7230 |
| | | 高级技工 | 工日 | 1.4870 | 1.8450 | 2.2870 |
| 材料 | 电 | | kW·h | 7.000 | 7.000 | 7.000 |
| | 硅酮耐候密封胶 | | kg | 98.717 | 102.242 | 102.242 |
| | 聚氨酯发泡密封胶（750mL/支） | | 支 | 142.719 | 151.372 | 151.372 |
| | 铝合金门窗配件固定连接铁件（地脚）3×30×300(mm) | | 个 | 580.124 | 714.555 | 714.555 |
| | 塑钢内平开下悬窗（含5mm玻璃） | | $m^2$ | — | — | 94.590 |
| | 塑钢平开窗（含5mm玻璃） | | $m^2$ | — | 94.590 | — |
| | 塑钢推拉窗（含5mm玻璃） | | $m^2$ | 94.530 | — | — |
| | 塑料膨胀螺栓 | | 套 | 585.868 | 721.630 | 721.630 |
| | 其他材料费 | | % | 0.200 | 0.200 | 0.200 |

## 8. 彩钢板窗、防盗窗

**工作内容**：打眼剔洞，防盗窗框扇安装校正，焊接，框周边塞缝；校正彩板钢窗框扇，安装玻璃，装配五金，焊接，框周边塞缝等。

计量单位：$100m^2$

| 定额编号 | | | | 1-6-34 | 1-6-35 | 1-6-36 |
|---|---|---|---|---|---|---|
| 项目 | | | | 圆钢防盗格栅窗安装 | 不锈钢防盗格栅窗安装 | 彩板钢窗安装 |
| 名称 | | | 单位 | 消耗量 | | |
| 人工 | 合计工日 | | 工日 | 18.7500 | 17.3250 | 26.1900 |
| | 其中 | 普工 | 工日 | 5.6250 | 5.1970 | 7.8570 |
| | | 一般技工 | 工日 | 11.2500 | 10.3950 | 15.7140 |
| | | 高级技工 | 工日 | 1.8750 | 1.7330 | 2.6190 |
| 材料 | 不锈钢防盗格栅窗 | | $m^2$ | — | 100.000 | — |
| | 彩钢板窗 | | $m^2$ | — | — | 94.800 |
| | 低碳钢焊条 J422$\phi$4.0 | | kg | 9.690 | — | — |
| | 电 | | kW·h | — | 7.000 | — |
| | 密封油膏 | | kg | — | — | 43.970 |
| | 木材(成材) | | $m^3$ | — | — | 0.026 |
| | 膨胀螺栓 M6×75 | | 套 | 315.068 | 811.920 | 662.000 |
| | 塑料盖 | | 个 | — | — | 662.000 |
| | 铁件（综合） | | kg | 68.020 | — | — |
| | 橡胶密封条单 | | m | — | — | 680.000 |
| | 圆钢防盗格栅窗 | | $m^2$ | 100.000 | — | — |
| | 其他材料费 | | % | 0.100 | 0.100 | 0.100 |
| 机械 | 交流弧焊机 21kV·A | | 台班 | 0.410 | — | — |

## 9.配 件

**工作内容:**定位、安装、调校、清扫等。 **计量单位:**10个

| 定额编号 | | | 1-6-37 | 1-6-38 | 1-6-39 | 1-6-40 | 1-6-41 | 1-6-42 |
|---|---|---|---|---|---|---|---|---|
| 项目 | | | 执手锁 | 弹子锁 | 管子拉手 | 推手板 | 自由门 | |
| | | | | | | | 弹簧合页 | 地弹簧 |
| 名称 | | 单位 | 消耗量 | | | | | |
| 人工 | 合计工日 | 工日 | 1.8040 | 0.7100 | 0.5000 | 0.5000 | 1.1400 | 5.9800 |
| | 其中 普工 | 工日 | 0.5420 | 0.2130 | 0.1500 | 0.1500 | 0.3420 | 1.7940 |
| | 其中 一般技工 | 工日 | 1.0820 | 0.4260 | 0.3000 | 0.3000 | 0.6840 | 3.5880 |
| | 其中 高级技工 | 工日 | 0.1800 | 0.0710 | 0.0500 | 0.0500 | 0.1140 | 0.5980 |
| 材料 | 弹簧合页 | 副 | — | — | — | — | 10.100 | — |
| | 弹子锁 | 把 | — | 10.100 | — | — | — | — |
| | 地弹簧 | 套 | — | — | — | — | — | 10.100 |
| | 管子拉手 | 把 | — | — | 10.100 | — | — | — |
| | 推手板 | 把 | — | — | — | 10.100 | — | — |
| | 执手锁 | 把 | 10.100 | — | — | — | — | — |

**工作内容:**定位、安装、调校、清扫等。

| 定额编号 | | | 1-6-43 | 1-6-44 | 1-6-45 | 1-6-46 | 1-6-47 |
|---|---|---|---|---|---|---|---|
| 项目 | | | 铁搭扣 | 底板拉手 | 门吸 | 吊装滑动门轨 | 地锁 |
| | | | 10个 | 10个 | 10个 | m | 10个 |
| 名称 | | 单位 | 消耗量 | | | | |
| 人工 | 合计工日 | 工日 | 0.1500 | 0.6200 | 1.0000 | 0.0430 | 1.3500 |
| | 其中 普工 | 工日 | 0.0450 | 0.1860 | 0.3000 | 0.0130 | 0.4050 |
| | 其中 一般技工 | 工日 | 0.0900 | 0.3720 | 0.6000 | 0.0260 | 0.8100 |
| | 其中 高级技工 | 工日 | 0.0150 | 0.0620 | 0.1000 | 0.0040 | 0.1350 |
| 材料 | 底板拉手 | 个 | — | 10.100 | — | — | — |
| | 地锁 | 把 | — | — | — | — | 10.100 |
| | 吊装滑动门轨 | m | — | — | — | 1.010 | — |
| | 门磁吸 | 只 | — | — | 10.100 | — | — |
| | 铁搭扣 | 个 | 10.100 | — | — | — | — |

**工作内容**:定位、安装、调校、清扫等。

**计量单位**:10 个

| 定额编号 | | | | 1-6-48 | 1-6-49 | 1-6-50 | 1-6-51 | 1-6-52 |
|---|---|---|---|---|---|---|---|---|
| 项目 | | | | 门扎头 | 防盗门扣 | 门眼猫眼 | 高档门拉手 | 电子锁（磁下锁） |
| 名称 | | | 单位 | 消耗量 | | | | |
| 人工 | 合计工日 | | 工日 | 0.2500 | 0.4150 | 0.4150 | 1.2500 | 3.6720 |
| | 其中 | 普工 | 工日 | 0.0750 | 0.1250 | 0.1250 | 0.3750 | 1.1020 |
| | | 一般技工 | 工日 | 0.1500 | 0.2490 | 0.2490 | 0.7500 | 2.2030 |
| | | 高级技工 | 工日 | 0.0250 | 0.0410 | 0.0410 | 0.1250 | 0.3670 |
| 材料 | 电子锁 | | 把 | — | — | — | — | 10.100 |
| | 防盗门扣 | | 副 | — | 10.100 | — | — | — |
| | 高档门拉手 | | 副 | — | — | — | 10.100 | — |
| | 门猫眼 | | 套 | — | — | 10.100 | — | — |
| | 门轧头 | | 只 | 10.100 | — | — | — | — |

**工作内容**:定位、安装、调校、清扫等。

**计量单位**:10 个

| 定额编号 | | | | 1-6-53 | 1-6-54 | 1-6-55 |
|---|---|---|---|---|---|---|
| 项目 | | | | 闭门器 | | 顺位器 |
| | | | | 明装 | 暗装 | |
| 名称 | | | 单位 | 消耗量 | | |
| 人工 | 合计工日 | | 工日 | 1.4580 | 3.6720 | 1.4580 |
| | 其中 | 普工 | 工日 | 0.4370 | 1.1020 | 0.4370 |
| | | 一般技工 | 工日 | 0.8750 | 2.2030 | 0.8750 |
| | | 高级技工 | 工日 | 0.1460 | 0.3670 | 0.1460 |
| 材料 | 闭门器 | | 套 | 10.100 | 10.100 | — |
| | 顺位器 | | 套 | — | — | 10.100 |

# 第七章　防 水 工 程

# 说 明

一、本章定额包括卷材防水、涂料防水、板材防水、刚性防水和变形缝与止水带等项目。

二、细石混凝土防水层,使用钢筋网片时,执行本册定额第五章“混凝土及钢筋混凝土工程”相应项目。

三、防水卷材、防水涂料及防水砂浆,定额以平面和立面列项,实际施工桩头、地沟、零星部位时,人工乘以系数1.43。

四、卷材防水附加层套用卷材防水相应项目,人工乘以1.43。

五、立面是以直形为依据编制的。

六、冷粘法以满铺为依据编制的,点、条铺粘者按相应项目的人工乘以系数0.91,粘合剂乘以系数0.70。

七、变形缝与止水带。

1. 变形缝嵌填缝定额项目中,建筑油膏、聚氯乙烯胶泥设计断面取定为30mm×20mm;油浸木丝板取定为150mm×25mm;其他填料取定为150mm×30mm。

2. 变形缝盖板,木板盖板断面取定为200mm×25mm;铝合金盖板厚度取定为1mm;不锈钢板厚度取定为1mm。

3. 钢板(紫铜板)止水带展开宽度为400mm,氯丁胶宽度为300mm,涂刷式氯丁胶贴玻璃纤维止水宽度为350mm。

# 工程量计算规则

一、墙的立面防水、防潮层,按设计图示尺寸以面积计算。

二、基础底板的防水、防潮层按设计图示尺寸以面积计算,不扣除桩头所占面积。桩头处外包防水按桩头投影外扩 300mm 以面积计算,地沟处防水按展开面积计算,均计入平面工程量,执行相应规定。

三、墙面、基础底板等,其防水搭接、拼缝、压边、留槎用量已综合考虑,不另行计算,卷材防水附加层按设计铺贴尺寸以面积计算。

四、变形缝(嵌填缝与盖板)与止水带按设计图示尺寸,以长度计算。

# 1. 卷 材 防 水

**工作内容:**清理基层,刷基底处理剂,收头钉压条等。 **计量单位:**100m³

| 定额编号 | | | 1-7-1 | 1-7-2 | 1-7-3 | 1-7-4 |
|---|---|---|---|---|---|---|
| 项目 | | | 改性沥青卷材 | | | |
| | | | 热熔法一层 | | 热熔法每增一层 | |
| | | | 平面 | 立面 | 平面 | 立面 |
| 名称 | | 单位 | 消耗量 | | | |
| 人工 | 合计工日 | 工日 | 2.4450 | 4.2440 | 2.0970 | 3.6440 |
| | 其中 普工 | 工日 | 0.7330 | 1.2740 | 0.6290 | 1.0940 |
| | 其中 一般技工 | 工日 | 1.4670 | 2.5460 | 1.2580 | 2.1860 |
| | 其中 高级技工 | 工日 | 0.2450 | 0.4240 | 0.2100 | 0.3640 |
| 材料 | SBS 弹性沥青防水胶 | kg | 28.920 | 28.920 | — | — |
| | SBS 改性沥青防水卷材 | m² | 115.635 | 115.635 | 115.635 | 115.635 |
| | 改性沥青嵌缝油膏 | kg | 5.977 | 5.977 | 5.165 | 5.165 |
| | 液化石油气 | kg | 26.992 | 26.992 | 30.128 | 30.128 |

**工作内容:**清理基层,刷基底处理剂,收头钉压条等。 **计量单位:**100m²

| 定额编号 | | | 1-7-5 | 1-7-6 | 1-7-7 | 1-7-8 |
|---|---|---|---|---|---|---|
| 项目 | | | 改性沥青卷材 | | | |
| | | | 冷粘法一层 | | 冷粘法每增一层 | |
| | | | 平面 | 立面 | 平面 | 立面 |
| 名称 | | 单位 | 消耗量 | | | |
| 人工 | 合计工日 | 工日 | 2.2320 | 4.1520 | 1.9170 | 3.3210 |
| | 其中 普工 | 工日 | 0.6700 | 1.2460 | 0.5750 | 0.9960 |
| | 其中 一般技工 | 工日 | 1.3390 | 2.4910 | 1.1500 | 1.9930 |
| | 其中 高级技工 | 工日 | 0.2230 | 0.4150 | 0.1920 | 0.3320 |
| 材料 | SBS 弹性沥青防水胶 | kg | 28.920 | 28.920 | — | — |
| | SBS 改性沥青防水卷材 | m² | 115.635 | 115.635 | 115.635 | 115.635 |
| | 改性沥青嵌缝油膏 | kg | 5.977 | 5.977 | 5.165 | 5.165 |
| | 聚丁胶粘合剂 | kg | 53.743 | 53.743 | 59.987 | 59.987 |

**工作内容：**清理基层，刷基底处理剂，收头钉压条等。　　　　**计量单位：**100m²

| 定额编号 | | | 1－7－9 | 1－7－10 | 1－7－11 | 1－7－12 | 1－7－13 |
|---|---|---|---|---|---|---|---|
| 项目 | | | 高聚物改性沥青自粘卷材 | | | | 耐根穿刺复合铜胎基改性沥青卷材 |
| | | | 自粘法一层 | | 自粘法每增一层 | | |
| | | | 平面 | 立面 | 平面 | 立面 | |
| 名称 | | 单位 | 消耗量 | | | | |
| 人工 | 合计工日 | 工日 | 2.0320 | 3.5370 | 1.7410 | 3.0330 | 2.7700 |
| | 其中 普工 | 工日 | 0.6100 | 1.0610 | 0.5220 | 0.9100 | 0.8310 |
| | 其中 一般技工 | 工日 | 1.2190 | 2.1220 | 1.0450 | 1.8200 | 1.6620 |
| | 其中 高级技工 | 工日 | 0.2030 | 0.3540 | 0.1740 | 0.3030 | 0.2770 |
| 材料 | SBS弹性沥青防水胶 | kg | — | — | — | — | 28.920 |
| | 复合铜胎基SBS改性沥青卷材 | m² | — | — | — | — | 115.635 |
| | 改性沥青嵌缝油膏 | kg | — | — | — | — | 5.977 |
| | 高聚物改性沥青自粘卷材 | m² | 115.635 | 115.635 | 115.635 | 115.635 | — |
| | 冷底子油 30∶70 | kg | 48.480 | 48.480 | — | — | — |
| | 液化石油气 | kg | — | — | — | — | 26.992 |

**工作内容：**清理基层，刷基底处理剂，收头钉压条等。　　　　**计量单位：**100m²

| 定额编号 | | | 1－7－14 | 1－7－15 | 1－7－16 | 1－7－17 |
|---|---|---|---|---|---|---|
| 项目 | | | 聚氯乙烯卷材 | | | |
| | | | 冷粘法一层 | | 冷粘法每增一层 | |
| | | | 平面 | 立面 | 平面 | 立面 |
| 名称 | | 单位 | 消耗量 | | | |
| 人工 | 合计工日 | 工日 | 3.0990 | 5.1330 | 2.4850 | 4.1120 |
| | 其中 普工 | 工日 | 0.9300 | 1.5400 | 0.7450 | 1.2340 |
| | 其中 一般技工 | 工日 | 1.8590 | 3.0800 | 1.4910 | 2.4670 |
| | 其中 高级技工 | 工日 | 0.3100 | 0.5130 | 0.2490 | 0.4110 |
| 材料 | FL－15胶黏剂 | kg | 117.100 | 117.100 | 117.100 | 117.100 |
| | 聚氯乙烯防水卷材 | m² | 115.635 | 115.635 | 115.635 | 115.635 |

**工作内容**：清理基层，刷基底处理剂，收头钉压条等。　　**计量单位**：100m²

| 定额编号 | | | 1-7-18 | 1-7-19 | 1-7-20 | 1-7-21 |
|---|---|---|---|---|---|---|
| 项目 | | | 聚氯乙烯卷材 | | | |
| | | | 热风焊接法一层 | | 热风焊接法每增一层 | |
| | | | 平面 | 立面 | 平面 | 立面 |
| 名称 | | 单位 | 消耗量 | | | |
| 人工 | 合计工日 | 工日 | 3.4220 | 5.6860 | 2.7390 | 4.5510 |
| | 其中 普工 | 工日 | 1.0270 | 1.7050 | 0.8220 | 1.3650 |
| | 其中 一般技工 | 工日 | 2.0530 | 3.4120 | 1.6430 | 2.7310 |
| | 其中 高级技工 | 工日 | 0.3420 | 0.5690 | 0.2740 | 0.4550 |
| 材料 | 电 | kW·h | 20.000 | 20.000 | 20.000 | 20.000 |
| | 防水密封胶 | 支 | 15.000 | 15.000 | 15.000 | 15.000 |
| | 焊剂 | kg | 1.500 | 1.500 | 1.500 | 1.500 |
| | 焊丝 $\phi$3.2 | kg | 8.500 | 8.500 | 8.500 | 8.500 |
| | 聚氯乙烯薄膜 | m² | 12.500 | 12.500 | 12.500 | 12.500 |
| | 聚氯乙烯防水卷材 | m² | 115.635 | 115.635 | 115.635 | 115.635 |
| | 水泥钉 | kg | 0.060 | 0.060 | 0.060 | 0.060 |
| | 粘合剂 | kg | 20.650 | 20.650 | 20.650 | 20.650 |

**工作内容**：清理基层，刷基底处理剂，收头钉压条等。　　**计量单位**：100m²

| 定额编号 | | | 1-7-22 | 1-7-23 | 1-7-24 | 1-7-25 |
|---|---|---|---|---|---|---|
| 项目 | | | 高分子自粘胶膜卷材 | | | |
| | | | 自粘法一层 | | 自粘法每增一层 | |
| | | | 平面 | 立面 | 平面 | 立面 |
| 名称 | | 单位 | 消耗量 | | | |
| 人工 | 合计工日 | 工日 | 2.8110 | 4.6590 | 2.2440 | 3.7220 |
| | 其中 普工 | 工日 | 0.8430 | 1.3980 | 0.6740 | 1.1170 |
| | 其中 一般技工 | 工日 | 1.6870 | 2.7950 | 1.3460 | 2.2330 |
| | 其中 高级技工 | 工日 | 0.2810 | 0.4660 | 0.2240 | 0.3720 |
| 材料 | 高分子自粘胶膜卷材 | m² | 115.635 | 115.635 | 115.635 | 115.635 |
| | 冷底子油 30:70 | kg | 48.480 | 48.480 | — | — |

## 2. 涂 料 防 水

**工作内容:**清理基层,调配及涂刷涂料。 **计量单位:**100m²

| 定额编号 | | | | 1-7-26 | 1-7-27 | 1-7-28 | 1-7-29 |
|---|---|---|---|---|---|---|---|
| 项目 | | | | 聚合物复合改性沥青防水涂料 | | | |
| | | | | 2mm 厚 | | 每增减 0.5mm 厚 | |
| | | | | 平面 | 立面 | 平面 | 立面 |
| 名称 | | | 单位 | 消耗量 | | | |
| 人工 | 合计工日 | | 工日 | 2.5760 | 4.1240 | 0.6430 | 1.0330 |
| | 其中 | 普工 | 工日 | 0.7720 | 1.2380 | 0.1930 | 0.3100 |
| | | 一般技工 | 工日 | 1.5460 | 2.4740 | 0.3860 | 0.6200 |
| | | 高级技工 | 工日 | 0.2580 | 0.4120 | 0.0640 | 0.1030 |
| 材料 | 聚合物复合改性沥青防水涂料 | | kg | 231.000 | 249.480 | 52.500 | 56.700 |

**工作内容:**清理基层,调配涂料,粘贴纤维布,刷涂料(最后两遍掺水泥作保护层)。 **计量单位:**100m²

| 定额编号 | | | | 1-7-30 | 1-7-31 | 1-7-32 | 1-7-33 |
|---|---|---|---|---|---|---|---|
| 项目 | | | | 水乳型普通乳化沥青涂料 | | | |
| | | | | 二布三涂 | | 每增减一布一涂 | |
| | | | | 平面 | 立面 | 平面 | 立面 |
| 名称 | | | 单位 | 消耗量 | | | |
| 人工 | 合计工日 | | 工日 | 5.6930 | 8.8670 | 1.6580 | 2.4380 |
| | 其中 | 普工 | 工日 | 1.7080 | 2.6600 | 0.4970 | 0.7310 |
| | | 一般技工 | 工日 | 3.4160 | 5.3200 | 0.9950 | 1.4630 |
| | | 高级技工 | 工日 | 0.5690 | 0.8870 | 0.1660 | 0.2440 |
| 材料 | 聚酯布 100g/m² | | m² | 228.300 | 228.300 | 114.150 | 114.150 |
| | 乳化沥青 | | kg | 260.000 | 280.800 | 104.000 | 112.320 |
| | 水泥 P.O 42.5 | | kg | 13.770 | 13.770 | — | — |

**工作内容:**清理基层,调配涂料,粘贴纤维布,刷涂料(最后两遍掺水泥作保护层)。 **计量单位:**100m²

| 定额编号 | | | | 1-7-34 | 1-7-35 | 1-7-36 | 1-7-37 |
|---|---|---|---|---|---|---|---|
| 项目 | | | | 溶剂型再生胶沥青涂料 | | | |
| | | | | 二布三涂 | | 每增减一布一涂 | |
| | | | | 平面 | 立面 | 平面 | 立面 |
| 名称 | | | 单位 | 消耗量 | | | |
| 人工 | 合计工日 | | 工日 | 5.7660 | 8.9410 | 1.6800 | 2.4590 |
| | 其中 | 普工 | 工日 | 1.7290 | 2.6820 | 0.5040 | 0.7380 |
| | | 一般技工 | 工日 | 3.4600 | 5.3650 | 1.0080 | 1.4750 |
| | | 高级技工 | 工日 | 0.5770 | 0.8940 | 0.1680 | 0.2460 |
| 材料 | 聚酯布 100g/m² | | m² | 228.300 | 228.300 | 114.150 | 114.150 |
| | 水泥 P.O 42.5 | | kg | 20.400 | 20.400 | — | — |
| | 再生胶沥青(溶剂型) | | kg | 312.000 | 336.960 | 156.000 | 168.480 |

**工作内容:**清理基层,调配及涂刷涂料。 **计量单位:**100m²

| 定额编号 | | | | 1-7-38 | 1-7-39 | 1-7-40 | 1-7-41 |
|---|---|---|---|---|---|---|---|
| 项目 | | | | 聚氨酯防水涂膜 | | | |
| | | | | 2mm 厚 | | 每增减 0.5mm 厚 | |
| | | | | 平面 | 立面 | 平面 | 立面 |
| 名称 | | | 单位 | 消耗量 | | | |
| 人工 | 合计工日 | | 工日 | 3.0390 | 4.6100 | 0.7620 | 1.1550 |
| | 其中 | 普工 | 工日 | 0.9120 | 1.3830 | 0.2290 | 0.3460 |
| | | 一般技工 | 工日 | 1.8230 | 2.7660 | 0.4570 | 0.6930 |
| | | 高级技工 | 工日 | 0.3040 | 0.4610 | 0.0760 | 0.1160 |
| 材料 | 二甲苯 | | kg | 12.600 | 12.600 | 4.850 | 4.850 |
| | 聚氨酯甲乙料 | | kg | 270.680 | 298.130 | 71.080 | 76.770 |

**工作内容:**清理基层,调配及涂刷涂料。 **计量单位:**100m²

| 定额编号 | | | | 1-7-42 | 1-7-43 | 1-7-44 | 1-7-45 |
|---|---|---|---|---|---|---|---|
| 项目 | | | | 聚合物水泥防水涂料 | | | |
| | | | | 1.0mm 厚 | | 每增减 0.5mm 厚 | |
| | | | | 平面 | 立面 | 平面 | 立面 |
| 名称 | | | 单位 | 消耗量 | | | |
| 人工 | 合计工日 | | 工日 | 2.1000 | 2.7300 | 0.8400 | 1.0500 |
| | 其中 | 普工 | 工日 | 0.6300 | 0.8190 | 0.2520 | 0.3150 |
| | | 一般技工 | 工日 | 1.2600 | 1.6380 | 0.5040 | 0.6300 |
| | | 高级技工 | 工日 | 0.2100 | 0.2730 | 0.0840 | 0.1050 |
| 材料 | 防水涂料 JS | | kg | 220.500 | 237.384 | 94.500 | 102.060 |
| | 水 | | m³ | 0.047 | 0.047 | 0.005 | 0.005 |

**工作内容:**清理基层,调配及涂刷涂料。 **计量单位:**100m²

| 定额编号 | | | | 1-7-46 | 1-7-47 | 1-7-48 | 1-7-49 |
|---|---|---|---|---|---|---|---|
| 项目 | | | | 水泥基渗透结晶型防水涂料 | | | |
| | | | | 1.0mm 厚 | | 每增减 0.5mm 厚 | |
| | | | | 平面 | 立面 | 平面 | 立面 |
| 名称 | | | 单位 | 消耗量 | | | |
| 人工 | 合计工日 | | 工日 | 2.2050 | 2.7300 | 0.8400 | 1.0500 |
| | 其中 | 普工 | 工日 | 0.6610 | 0.8190 | 0.2520 | 0.3150 |
| | | 一般技工 | 工日 | 1.3230 | 1.6380 | 0.5040 | 0.6300 |
| | | 高级技工 | 工日 | 0.2210 | 0.2730 | 0.0840 | 0.1050 |
| 材料 | 水 | | m³ | 0.038 | 0.038 | 0.013 | 0.013 |
| | 水泥基渗透结晶防水涂料 | | kg | 137.000 | 147.960 | 42.000 | 45.360 |

## 3. 板材防水

工作内容：基层清理，铺设防水层，收口，压条等。

计量单位：100m²

| 定额编号 | | | | 1-7-50 |
|---|---|---|---|---|
| 项目 | | | | 塑料防水板 |
| 名称 | | | 单位 | 消耗量 |
| 人工 | 合计工日 | | 工日 | 0.9450 |
| | 其中 | 普工 | 工日 | 0.2830 |
| | | 一般技工 | 工日 | 0.5670 |
| | | 高级技工 | 工日 | 0.0950 |
| 材料 | 不干胶纸 | | $m^2$ | 5.000 |
| | 强力胶 | | kg | 12.000 |
| | 塑料防水板 | | $m^2$ | 107.000 |
| | 无纺土工布 | | $m^2$ | 106.000 |

## 4. 刚性防水

工作内容：清理基层、调制砂浆、铺混凝土或砂浆，压实、抹光。

计量单位：100m²

| 定额编号 | | | | 1-7-51 | 1-7-52 | 1-7-53 | 1-7-54 |
|---|---|---|---|---|---|---|---|
| 项目 | | | | 细石混凝土 | | 水泥砂浆二次抹压 | |
| | | | | 厚40mm | 每增减10mm | 厚20mm | 每增减10mm |
| 名称 | | | 单位 | 消耗量 | | | |
| 人工 | 合计工日 | | 工日 | 9.9220 | 1.5570 | 9.0720 | 1.5570 |
| | 其中 | 普工 | 工日 | 2.9770 | 0.4670 | 2.7220 | 0.4670 |
| | | 一般技工 | 工日 | 5.9530 | 0.9340 | 5.4430 | 0.9340 |
| | | 高级技工 | 工日 | 0.9920 | 0.1560 | 0.9070 | 0.1560 |
| 材料 | 木模板 | | $m^3$ | 0.069 | 0.010 | 0.040 | 0.010 |
| | 水 | | $m^3$ | 9.640 | 0.200 | 1.127 | 0.300 |
| | 预拌地面砂浆（干拌）DSM15 | | $m^3$ | — | — | 2.050 | 1.025 |
| | 预拌细石混凝土 C20 | | $m^3$ | 4.040 | 1.010 | — | — |
| 机械 | 灰浆搅拌机 200L | | 台班 | — | — | 0.320 | 0.130 |

**工作内容：**清理基层，调配砂浆，抹水泥砂浆。 计量单位：100m²

| 定额编号 | | | | 1-7-55 | 1-7-56 | 1-7-57 | 1-7-58 |
|---|---|---|---|---|---|---|---|
| 项目 | | | | 防水砂浆 | | | |
| | | | | 掺防水粉 | | 掺防水剂 | |
| | | | | 20mm厚 | 每增减10mm | 20mm厚 | 每增减10mm |
| 名称 | | | 单位 | 消耗量 | | | |
| 人工 | 合计工日 | | 工日 | 8.5680 | 1.5570 | 8.5740 | 1.5570 |
| | 其中 | 普工 | 工日 | 2.5700 | 0.4670 | 2.5730 | 0.4670 |
| | | 一般技工 | 工日 | 5.1410 | 0.9340 | 5.1440 | 0.9340 |
| | | 高级技工 | 工日 | 0.8570 | 0.1560 | 0.8570 | 0.1560 |
| 材料 | 防水粉 | | kg | 66.300 | 33.150 | — | — |
| | 防水剂 | | kg | — | — | 132.600 | 66.300 |
| | 素水泥浆 | | m³ | 0.100 | — | 0.100 | — |
| | 预拌地面砂浆(干拌) DSM15 | | m³ | 2.050 | 1.025 | 2.050 | 1.025 |
| 机械 | 灰浆搅拌机 200L | | 台班 | 0.350 | 0.130 | 0.350 | 0.130 |

**工作内容：**清理基层，调配砂浆，抹水泥砂浆。 计量单位：100m²

| 定额编号 | | | | 1-7-59 | 1-7-60 | 1-7-61 | 1-7-62 |
|---|---|---|---|---|---|---|---|
| 项目 | | | | 聚合物水泥防水砂浆 | | 防水砂浆五层做法 | |
| | | | | 10mm厚 | 每增减5mm | 平面 | 立面 |
| 名称 | | | 单位 | 消耗量 | | | |
| 人工 | 合计工日 | | 工日 | 5.1450 | 2.0580 | 13.3170 | 7.7270 |
| | 其中 | 普工 | 工日 | 1.5430 | 0.6170 | 3.9950 | 5.3180 |
| | | 一般技工 | 工日 | 3.0870 | 1.2350 | 7.9900 | 10.6360 |
| | | 高级技工 | 工日 | 0.5150 | 0.2060 | 1.3320 | 1.7730 |
| 材料 | 聚合物胶乳 | | kg | 80.800 | 40.400 | — | — |
| | 水 | | m³ | — | — | 3.800 | 3.800 |
| | 素水泥浆 | | m³ | — | — | 0.615 | 0.615 |
| | 预拌地面砂浆(干拌) DSM15 | | m³ | 1.025 | 0.513 | 1.025 | 1.025 |
| 机械 | 灰浆搅拌机 200L | | 台班 | 0.130 | 0.070 | 0.270 | 0.270 |

**工作内容：**清理基层，细石混凝土面做分格缝，灌缝膏。 计量单位：100m

| 定额编号 | | | | 1-7-63 | 1-7-64 | 1-7-65 |
|---|---|---|---|---|---|---|
| 项目 | | | | 分隔缝 | | |
| | | | | 细石混凝土面 40mm厚 | 水泥砂浆面层 20mm厚 | 厚度每增减10mm |
| 名称 | | | 单位 | 消耗量 | | |
| 人工 | 合计工日 | | 工日 | 5.3550 | 4.5150 | 1.0710 |
| | 其中 | 普工 | 工日 | 1.6060 | 1.3540 | 0.3210 |
| | | 一般技工 | 工日 | 3.2130 | 2.7090 | 0.6430 |
| | | 高级技工 | 工日 | 0.5360 | 0.4520 | 0.1070 |
| 材料 | 建筑油膏 | | kg | 67.320 | 33.660 | 15.300 |

## 5. 变形缝与止水带

**工作内容:** 熬沥青,调制沥青麻丝,填塞,嵌缝;调制石油沥青玛琋脂(建筑油膏),填塞,嵌缝。

计量单位:100m

| 定额编号 | | | 1-7-66 | 1-7-67 | 1-7-68 | 1-7-69 | 1-7-70 |
|---|---|---|---|---|---|---|---|
| 项目 | | | 油浸麻丝 | | 沥青玛蹄脂嵌缝 | 建筑油膏 | |
| | | | 平面 | 立面 | | 平面 | 立面 |
| 名称 | | 单位 | 消耗量 | | | | |
| 人工 | 合计工日 | 工日 | 7.0520 | 10.5490 | 6.2690 | 3.7210 | 5.2960 |
| | 其中 普工 | 工日 | 2.1160 | 3.1650 | 1.8810 | 1.1160 | 1.5880 |
| | 其中 一般技工 | 工日 | 4.2310 | 6.3290 | 3.7610 | 2.2330 | 3.1780 |
| | 其中 高级技工 | 工日 | 0.7050 | 1.0550 | 0.6270 | 0.3720 | 0.5300 |
| 材料 | 建筑油膏 | kg | — | — | — | 86.940 | 86.940 |
| | 麻丝 | kg | 55.080 | 55.080 | — | — | — |
| | 石油沥青 10# | kg | 214.200 | 214.200 | — | — | — |
| | 石油沥青玛蹄脂 | $m^3$ | — | — | 0.473 | — | — |
| 机械 | 沥青熔化炉 XLL-0.5t | 台班 | 0.052 | 0.052 | 0.105 | 0.014 | 0.014 |

**工作内容:** 调制沥青砂浆,填塞,嵌缝;熬沥青,油浸木丝板(泡沫塑料)填塞,嵌缝。

计量单位:100m

| 定额编号 | | | 1-7-71 | 1-7-72 | 1-7-73 | 1-7-74 | 1-7-75 |
|---|---|---|---|---|---|---|---|
| 项目 | | | 沥青砂浆 | | 油浸木丝板 | 泡沫塑料填塞 | |
| | | | 平面 | 立面 | | 平面 | 立面 |
| 名称 | | 单位 | 消耗量 | | | | |
| 人工 | 合计工日 | 工日 | 5.2790 | 6.2030 | 5.2640 | 3.3020 | 5.2650 |
| | 其中 普工 | 工日 | 1.5840 | 1.8610 | 1.5800 | 0.9910 | 1.5790 |
| | 其中 一般技工 | 工日 | 3.1670 | 3.7220 | 3.1580 | 1.9810 | 3.1590 |
| | 其中 高级技工 | 工日 | 0.5280 | 0.6200 | 0.5260 | 0.3300 | 0.5270 |
| 材料 | 聚苯乙烯泡沫板 | $m^3$ | — | — | — | 0.600 | 0.600 |
| | 木丝板 δ25 | $m^2$ | — | — | 15.525 | — | — |
| | 石油沥青 10# | kg | — | — | 161.700 | — | — |
| | 石油沥青 30# | kg | — | — | — | 19.000 | 19.000 |
| | 石油沥青砂浆 1:2:7 | $m^3$ | 0.473 | 0.473 | — | — | — |
| 机械 | 沥青熔化炉 XLL-0.5t | 台班 | 0.105 | 0.105 | 0.033 | 0.004 | 0.004 |

**工作内容**：制作盖板，埋木砖，铺设，钉盖板。 **计量单位**：100m

| 定额编号 | | | | 1-7-76 | 1-7-77 | 1-7-78 | 1-7-79 |
|---|---|---|---|---|---|---|---|
| 项目 | | | | 木板盖板 | | 镀锌铁皮盖板 | |
| | | | | 平面 | 立面 | 平面 | 立面 |
| 名称 | | | 单位 | 消耗量 | | | |
| 人工 | 合计工日 | | 工日 | 5.0810 | 11.2800 | 12.9720 | 12.8980 |
| | 其中 | 普工 | 工日 | 1.5240 | 3.3840 | 3.8920 | 3.8690 |
| | | 一般技工 | 工日 | 3.0490 | 6.7680 | 7.7830 | 7.7390 |
| | | 高级技工 | 工日 | 0.5080 | 1.1280 | 1.2970 | 1.2900 |
| 材料 | XY-508胶 | | kg | 1.515 | — | — | — |
| | 板枋材 | | $m^3$ | 0.617 | 1.097 | 0.252 | 0.303 |
| | 镀锌薄钢板（综合） | | $m^2$ | — | — | 60.180 | 51.000 |
| | 防腐油 | | kg | 5.949 | 10.565 | 11.171 | 5.313 |
| | 焊锡 | | kg | — | — | 4.064 | 3.444 |
| | 盐酸 | | kg | — | — | 0.861 | 0.735 |
| | 圆钉 | | kg | — | 1.809 | 2.097 | 0.703 |
| 机械 | 沥青熔化炉 XLL-0.5t | | 台班 | — | — | 0.010 | 0.080 |

**工作内容**：制作盖板，埋木砖，铺设，钉盖板。 **计量单位**：100m

| 定额编号 | | | | 1-7-80 | 1-7-81 | 1-7-82 | 1-7-83 |
|---|---|---|---|---|---|---|---|
| 项目 | | | | 铝合金盖板 | | 不锈钢盖板 | |
| | | | | 平面 | 立面 | 平面 | 立面 |
| 名称 | | | 单位 | 消耗量 | | | |
| 人工 | 合计工日 | | 工日 | 14.5570 | 14.4420 | 14.5570 | 14.4420 |
| | 其中 | 普工 | 工日 | 4.3670 | 4.3330 | 4.3670 | 4.3330 |
| | | 一般技工 | 工日 | 8.7340 | 8.6650 | 8.7340 | 8.6650 |
| | | 高级技工 | 工日 | 1.4560 | 1.4440 | 1.4560 | 1.4440 |
| 材料 | 板枋材 | | $m^3$ | 0.252 | 0.303 | 0.252 | 0.303 |
| | 不锈钢板 δ1.0 | | $m^2$ | — | — | 61.950 | 52.500 |
| | 防腐油 | | kg | 11.171 | 5.313 | 11.171 | 5.313 |
| | 焊锡 | | kg | 4.064 | 3.444 | 4.064 | 3.444 |
| | 铝合金方板 δ0.8 | | $m^2$ | 61.950 | 52.500 | — | — |
| | 盐酸 | | kg | 0.861 | 0.735 | 0.861 | 0.735 |
| | 圆钉 | | kg | 2.097 | 0.703 | 2.097 | 0.703 |
| 机械 | 沥青熔化炉 XLL-0.5t | | 台班 | 0.010 | 0.080 | 0.010 | 0.080 |

**工作内容:**清理基层,刷底胶,粘贴止水带;裁剪止水带,焊接铺设。 **计量单位:**100m

| 定额编号 | | | | 1-7-84 | 1-7-85 | 1-7-86 |
|---|---|---|---|---|---|---|
| 项目 | | | | 橡胶止水带 | 钢板止水带 | 紫铜板止水带 |
| 名称 | | | 单位 | 消耗量 | | |
| 人工 | 合计工日 | | 工日 | 10.3150 | 12.4070 | 12.3930 |
| | 其中 | 普工 | 工日 | 3.0940 | 3.7220 | 3.7180 |
| | | 一般技工 | 工日 | 6.1890 | 7.4440 | 7.4360 |
| | | 高级技工 | 工日 | 1.0320 | 1.2410 | 1.2390 |
| 材料 | 丙酮 | | kg | 3.040 | — | — |
| | 低合金钢焊条 E4303φ3.2 | | kg | — | 20.720 | — |
| | 环氧树脂胶合剂 | | kg | 3.040 | — | — |
| | 甲苯 | | kg | 2.400 | — | — |
| | 铜焊条(综合) | | kg | — | — | 14.300 |
| | 橡胶止水带 | | m | 105.000 | — | — |
| | 乙二胺 | | kg | 0.240 | — | — |
| | 止水钢板(成品)3×400 | | m | — | 105.000 | — |
| | 紫铜板 450×2 | | m | — | — | 105.000 |
| 机械 | 交流弧焊机 32kV·A | | 台班 | — | 0.700 | 0.700 |

**工作内容:**清理基层,刷底胶,粘贴;止水片表面涂胶并粘粒砂。 **计量单位:**100m

| 定额编号 | | | | 1-7-87 | 1-7-88 | 1-7-89 |
|---|---|---|---|---|---|---|
| 项目 | | | | 氯丁胶粘玻璃纤维布止水(一布二涂) | | 氯丁橡胶片止水带 |
| | | | | 湿基层 | 干基层 | |
| 名称 | | | 单位 | 消耗量 | | |
| 人工 | 合计工日 | | 工日 | 4.2460 | 4.2460 | 3.4340 |
| | 其中 | 普工 | 工日 | 1.2730 | 1.2730 | 1.0310 |
| | | 一般技工 | 工日 | 2.5480 | 2.5480 | 2.0600 |
| | | 高级技工 | 工日 | 0.4250 | 0.4250 | 0.3430 |
| 材料 | 玻璃布 | | $m^2$ | 95.200 | 95.200 | — |
| | 环氧树脂 618# | | kg | 14.420 | — | — |
| | 聚酰胺 300# | | kg | 2.880 | — | — |
| | 氯丁胶沥青胶液 | | kg | 116.940 | 135.980 | 60.580 |
| | 氯丁橡胶片止水带 | | m | — | — | 105.000 |
| | 牛皮纸 | | $m^2$ | — | — | 5.912 |
| | 三异氰酸酯 | | kg | 17.540 | 20.400 | 9.090 |
| | 砂粒 | | $m^3$ | 0.180 | 0.180 | 0.160 |
| | 水泥 P.O 42.5 | | kg | 7.000 | 3.000 | 9.090 |
| | 乙酸乙酯 | | kg | 15.310 | 15.310 | 23.000 |

# 第八章　装饰工程

# 说　　明

一、本章定额包括廊内地面工程、墙柱面装饰工程和顶棚工程等项目。

二、厚度小于或等于60mm的细石混凝土按找平层项目执行，厚度大于60mm的按本册定额第五章“混凝土及钢筋混凝土”垫层项目执行。

三、抹灰面层。

1. 抹灰项目中砂浆配合比与设计不同者，按设计要求调整；如设计厚度与定额取定厚度不同者，按相应增减厚度项目调整。

2. 砖墙中的钢筋混凝土梁、柱侧面抹灰大于$0.5m^2$的并入相应墙面项目执行，小于或等于$0.5m^2$的按“零星抹灰”项目执行。

3. 抹灰工程的“零星项目”适用于各种飘窗板、空调隔板、暖气罩、池槽、花台以及小于或等于$0.5m^2$的其他各种零星抹灰。

# 工程量计算规则

一、廊内地面找平层及整体面层按设计图示尺寸以面积计算。扣除凸出地面构筑物、设备基础、廊内铁道、地沟等所占面积，不扣除隔墙及单个面积≤0.3m²柱、垛及孔洞所占面积。门洞、空圈的开口部分不增加面积。

二、抹灰。

1. 内墙面、墙裙抹灰面积应扣除门窗洞口和单个面积大于0.3m²以上的空圈所占的面积，不扣除踢脚线、挂镜线及单个面积小于或等于0.3m²的孔洞和墙与构件交接处的面积。且门窗洞口、空圈、孔洞的侧壁面积亦不增加，附墙柱的侧面抹灰应并入墙面、墙裙抹灰工程量内计算。

2. 内墙面、墙裙的长度以主墙间的图示净长计算，墙面高度按廊内地面至天棚底面净高计算，墙面抹灰面积应扣除墙裙抹灰面积，如墙面和墙裙抹灰种类相同者，工程量合并计算。

3. 外墙抹灰面积按垂直投影面积计算，应扣除门窗洞口、外墙裙（墙面和墙裙抹灰种类相同者应合并计算）和单个面积大于0.3m²的孔洞所占面积，不扣除单个面积小于或等于0.3m²的孔洞所占面积，门窗洞门及孔洞侧壁面积亦不增加。附墙柱侧面抹灰面积应并入外墙面抹灰工程量内。

4. 柱抹灰按结构断面周长乘以抹灰高度计算。

5. 抹灰“零星项目”按设计图示尺寸以展开面积计算。

三、天棚抹灰。按设计结构尺寸以展开面积计算天棚抹灰。不扣除间壁墙、垛、柱、检查口和管道所占的面积，带梁天棚的梁两侧抹灰面积并入顶板面积内，板式楼梯底面抹灰面积（包括踏步、休息平台以及小于或等于500mm 宽的楼梯井）按水平投影面积乘以系数1.15 计算，锯齿形楼梯底板抹灰面积（包括踏步、休息平台以及≤500mm 宽的楼梯井）按水平投影面积乘以系数1.37 计算。

# 1.地 面 工 程

**工作内容:**细石混凝土搅拌捣平、压实。 **计量单位:**$100m^2$

| 定额编号 | | | | 1-8-1 | 1-8-2 |
|---|---|---|---|---|---|
| 项目 | | | | 细石混凝土地面找平层 | |
| | | | | 30mm | 每增减 1mm |
| 名称 | | | 单位 | 消耗量 | |
| 人工 | 合计工日 | | 工日 | 10.0760 | 0.1600 |
| | 其中 | 普工 | 工日 | 2.0150 | 0.0320 |
| | | 一般技工 | 工日 | 3.5270 | 0.0560 |
| | | 高级技工 | 工日 | 4.5340 | 0.0720 |
| 材料 | 水 | | $m^3$ | 0.400 | — |
| | 预拌细石混凝土 C20 | | $m^3$ | 3.030 | 0.101 |
| 机械 | 双锥反转出料混凝土搅拌机 200L | | 台班 | 0.510 | 0.017 |

**工作内容:**清理基层、调运砂浆、抹面层。 **计量单位:**$100m^2$

| 定额编号 | | | | 1-8-3 | 1-8-4 | 1-8-5 |
|---|---|---|---|---|---|---|
| 项目 | | | | 水泥砂浆地面 | | |
| | | | | 混凝土或硬基层上 | 填充材料上 | 每增减 1mm |
| | | | | 20mm | | |
| 名称 | | | 单位 | 消耗量 | | |
| 人工 | 合计工日 | | 工日 | 9.5070 | 11.4460 | 0.2350 |
| | 其中 | 普工 | 工日 | 1.9020 | 2.2890 | 0.0470 |
| | | 一般技工 | 工日 | 3.3270 | 4.0060 | 0.0820 |
| | | 高级技工 | 工日 | 4.2780 | 5.1510 | 0.1060 |
| 材料 | 干混地面砂浆 DSM20 | | $m^3$ | 2.040 | 2.550 | 0.102 |
| | 水 | | $m^3$ | 3.600 | 3.600 | — |
| 机械 | 干混砂浆罐式搅拌机 | | 台班 | 0.340 | 0.425 | 0.017 |

**工作内容:**清理基层、刷界面剂、调自流平砂浆,铺砂浆,滚压地面。 **计量单位:**100m²

| 定额编号 | | | | 1-8-6 | 1-8-7 |
|---|---|---|---|---|---|
| 项目 | | | | 水泥基自流平砂浆 | |
| | | | | 面层4mm厚 | 每增减1mm |
| 名称 | | | 单位 | 消耗量 | |
| 人工 | 合计工日 | | 工日 | 10.3000 | 1.6000 |
| | 其中 | 普工 | 工日 | 2.0600 | 0.3200 |
| | | 一般技工 | 工日 | 3.6050 | 0.5600 |
| | | 高级技工 | 工日 | 4.6350 | 0.7200 |
| 材料 | 界面剂 | | kg | 20.400 | — |
| | 水 | | m³ | 0.136 | 0.034 |
| | 水泥基自流平砂浆 | | m³ | 0.408 | 0.102 |
| 机械 | 干混砂浆罐式搅拌机 | | 台班 | 0.068 | 0.002 |

## 2. 墙、柱面装饰工程

**工作内容:**清理基层、修补堵眼、湿润基层、调运砂浆、清扫落地灰、分层抹灰找平、面层压光(包括门窗洞口侧壁抹灰)。 **计量单位:**100m²

| 定额编号 | | | | 1-8-8 | 1-8-9 | 1-8-10 | 1-8-11 |
|---|---|---|---|---|---|---|---|
| 项目 | | | | 墙面一般抹灰 | | | |
| | | | | 内墙 | | 外墙 | |
| | | | | (14+6)mm | 每增减1mm | (14+6)mm | 每增减1mm |
| 名称 | | | 单位 | 消耗量 | | | |
| 人工 | 合计工日 | | 工日 | 11.3720 | 0.3150 | 18.5090 | 0.3480 |
| | 其中 | 普工 | 工日 | 2.2750 | 0.0630 | 3.7020 | 0.0690 |
| | | 一般技工 | 工日 | 3.9800 | 0.1100 | 6.4780 | 0.1220 |
| | | 高级技工 | 工日 | 5.1170 | 0.1420 | 8.3290 | 0.1570 |
| 材料 | 干混抹灰砂浆 DPM10 | | m³ | 2.320 | 0.116 | 2.320 | 0.116 |
| | 水 | | m³ | 1.057 | 0.020 | 1.057 | 0.020 |
| 机械 | 干混砂浆罐式搅拌机 | | 台班 | 0.386 | 0.019 | 0.386 | 0.019 |

**工作内容:**清理基层、修补堵眼、湿润基层、调运砂浆、清扫落地灰、分层抹灰找平、面层压光。

**计量单位:**100m²

| 定额编号 | | | 1-8-12 | 1-8-13 | 1-8-14 | 1-8-15 |
|---|---|---|---|---|---|---|
| 项目 | | | 柱(梁)面一般抹灰 | | 打底找平 | 零星抹灰 |
| | | | 多边形、圆形柱(梁) | 矩形柱(梁) | 15mm 厚 | 一般抹灰 |
| 名称 | | 单位 | 消耗量 | | | |
| 人工 | 合计工日 | 工日 | 20.4600 | 15.3760 | 10.4980 | 41.8650 |
| | 其中 普工 | 工日 | 4.0920 | 3.0750 | 2.1000 | 8.3730 |
| | 其中 一般技工 | 工日 | 7.1610 | 5.3820 | 3.6740 | 14.6530 |
| | 其中 高级技工 | 工日 | 9.2070 | 6.9190 | 4.7240 | 18.8390 |
| 材料 | 干混抹灰砂浆 DPM10 | $m^3$ | 2.260 | 2.260 | 1.680 | 2.260 |
| | 水 | $m^3$ | 1.003 | 1.003 | 0.887 | 1.072 |
| 机械 | 干混砂浆罐式搅拌机 | 台班 | 0.347 | 0.347 | 0.277 | 0.377 |

**工作内容:**清扫、满刮腻子二遍、打磨、刷底漆一遍、乳胶漆二遍等。

**计量单位:**100m²

| 定额编号 | | | 1-8-16 |
|---|---|---|---|
| 项目 | | | 内墙乳胶漆 |
| | | | 二遍 |
| 名称 | | 单位 | 消耗量 |
| 人工 | 合计工日 | 工日 | 8.2080 |
| | 其中 普工 | 工日 | 1.6410 |
| | 其中 一般技工 | 工日 | 2.8730 |
| | 其中 高级技工 | 工日 | 3.6940 |
| 材料 | 苯丙清漆 | kg | 11.620 |
| | 苯丙乳胶漆内墙用 | kg | 27.810 |
| | 成品腻子粉 | kg | 204.120 |
| | 砂纸 | 张 | 10.100 |
| | 水 | $m^3$ | 0.100 |
| | 油漆溶剂油 | kg | 1.291 |
| | 其他材料费 | % | 0.900 |

## 3. 顶 棚 工 程

**工作内容：**清理修补基层表面、堵眼、调运砂浆、清扫落地灰、抹灰找平、罩面及压光。 **计量单位：**100m²

| 定额编号 | | | | 1-8-17 | 1-8-18 | 1-8-19 |
|---|---|---|---|---|---|---|
| 项目 | | | | 混凝土天棚 | | |
| | | | | 一次抹灰(10mm) | 砂浆每增减1mm | 拉毛 |
| 名称 | | | 单位 | 消耗量 | | |
| 人工 | 合计工日 | | 工日 | 10.1500 | 1.0110 | 15.2060 |
| | 其中 | 普工 | 工日 | 2.0290 | 0.2020 | 3.0410 |
| | | 一般技工 | 工日 | 3.5530 | 0.3540 | 5.3220 |
| | | 高级技工 | 工日 | 4.5680 | 0.4550 | 6.8430 |
| 材料 | 干混抹灰砂浆 DPM10 | | m³ | 1.130 | 0.113 | 1.695 |
| | 水 | | m³ | 0.712 | 0.066 | 1.028 |
| 机械 | 干混砂浆罐式搅拌机 | | 台班 | 0.188 | 0.017 | 0.283 |

**工作内容：**清扫、满刮腻子二遍、打磨、刷底漆一遍、乳胶漆二遍；增刷乳胶漆一遍等。 **计量单位：**100m²

| 定额编号 | | | | 1-8-20 | 1-8-21 |
|---|---|---|---|---|---|
| 项目 | | | | 天棚面乳胶漆 | |
| | | | | 二遍 | 每增一遍 |
| 名称 | | | 单位 | 消耗量 | |
| 人工 | 合计工日 | | 工日 | 10.2600 | 1.9440 |
| | 其中 | 普工 | 工日 | 2.0520 | 0.3890 |
| | | 一般技工 | 工日 | 3.5910 | 0.6800 |
| | | 高级技工 | 工日 | 4.6170 | 0.8750 |
| 材料 | 苯丙清漆 | | kg | 11.620 | — |
| | 苯丙乳胶漆内墙用 | | kg | 27.810 | 12.360 |
| | 成品腻子粉 | | kg | 204.120 | — |
| | 砂纸 | | 张 | 10.100 | 4.000 |
| | 水 | | m³ | 0.100 | 0.002 |
| | 油漆溶剂油 | | kg | 1.291 | — |
| | 其他材料费 | | % | 0.900 | 0.900 |

# 第九章　排 管 工 程

# 说　　明

一、本章定额适用于城市地下综合管廊本体引出管的保护工程。

二、本章定额包括碳钢管铺设、碳素钢板卷管安装、塑料管安装、混凝土管和满包混凝土加固等项目。

三、管道沟槽的土石方执行“第一章 土石方工程”相应项目;打拔工具桩、支撑工程、井点降水执行相应项目。

四、本节定额中的管道铺设工作内容除另有说明外,均包括沿沟排管、清沟底、外观检查及清扫管材。

五、本章定额中的管道的管节长度为综合取定。

六、本章定额中的管道安装不包括管件(三通、弯头、异径管)、阀门的安装。

# 工程量计算规则

各种管道安装工程量按设计管道中心线以长度计算,不扣除阀门及各种管件所占长度。

# 1. 碳钢管铺设

**工作内容:**切管、坡口、对口、调直、焊接、找坡、找正、安装等。　　　　计量单位:10m

| 定额编号 | | | | 1-9-1 | 1-9-2 | 1-9-3 | 1-9-4 | 1-9-5 | 1-9-6 |
|---|---|---|---|---|---|---|---|---|---|
| 项目 | | | | 电弧焊 | | | | | |
| | | | | 管外径×壁厚(mm×mm以内) | | | | | |
| | | | | 57×3.5 | 75×4 | 89×4 | 114×4 | 133×4.5 | 159×5 |
| 名称 | | | 单位 | 消耗量 | | | | | |
| 人工 | 合计工日 | | 工日 | 0.5540 | 0.7110 | 0.8430 | 0.9260 | 1.0580 | 1.2400 |
| | 其中 | 普工 | 工日 | 0.1660 | 0.2130 | 0.2530 | 0.2780 | 0.3170 | 0.3720 |
| | | 一般技工 | 工日 | 0.3330 | 0.4260 | 0.5060 | 0.5550 | 0.6350 | 0.7440 |
| | | 高级技工 | 工日 | 0.0550 | 0.0710 | 0.0840 | 0.0930 | 0.1060 | 0.1240 |
| 材料 | 低碳钢焊条(综合) | | kg | 0.097 | 0.173 | 0.205 | 0.264 | 0.423 | 0.538 |
| | 镀锌铁丝 $\phi$4.0~2.8 | | kg | 0.077 | 0.077 | 0.077 | 0.077 | 0.077 | 0.077 |
| | 钢管 | | m | 10.150 | 10.140 | 10.130 | 10.120 | 10.110 | 10.100 |
| | 棉纱线 | | kg | 0.011 | 0.014 | 0.018 | 0.021 | 0.025 | 0.031 |
| | 尼龙砂轮片 $\phi$100 | | 片 | 0.014 | 0.021 | 0.025 | 0.034 | 0.043 | 0.056 |
| | 氧气 | | $m^3$ | 0.170 | 0.250 | 0.283 | 0.340 | 0.429 | 0.545 |
| | 乙炔气 | | kg | 0.059 | 0.083 | 0.094 | 0.113 | 0.143 | 0.182 |
| | 其他材料费 | | % | 1.500 | 1.500 | 1.500 | 1.500 | 1.500 | 1.500 |
| 机械 | 半自动切割机 100mm | | 台班 | — | — | — | — | — | 0.050 |
| | 电焊条烘干箱 60×50×75(cm) | | 台班 | 0.006 | 0.010 | 0.011 | 0.014 | 0.019 | 0.023 |
| | 砂轮切割机 $\phi$400 | | 台班 | 0.003 | 0.003 | 0.004 | 0.007 | 0.007 | — |
| | 直流弧焊机 20kV·A | | 台班 | 0.060 | 0.097 | 0.113 | 0.144 | 0.187 | 0.233 |

工作内容：切管、坡口、对口、调直、焊接、找坡、找正、安装等。 计量单位：10m

| 定额编号 | | | | 1-9-7 | 1-9-8 | 1-9-9 | 1-9-10 | 1-9-11 | 1-9-12 |
|---|---|---|---|---|---|---|---|---|---|
| 项目 | | | | 电弧焊 | | | | | |
| | | | | 管外径×壁厚(mm×mm以内) | | | | | |
| | | | | 219×5 | 219×6 | 219×7 | 273×6 | 273×7 | 273×8 |
| 名称 | | | 单位 | 消耗量 | | | | | |
| 人工 | 合计工日 | | 工日 | 1.3480 | 1.6120 | 1.7440 | 1.8350 | 1.8840 | 2.0000 |
| | 其中 | 普工 | 工日 | 0.4040 | 0.4840 | 0.5230 | 0.5500 | 0.5650 | 0.6000 |
| | | 一般技工 | 工日 | 0.8090 | 0.9670 | 1.0470 | 1.1010 | 1.1310 | 1.2000 |
| | | 高级技工 | 工日 | 0.1350 | 0.1610 | 0.1740 | 0.1830 | 0.1880 | 0.2000 |
| 材料 | 低碳钢焊条(综合) | | kg | 0.776 | 0.919 | 1.070 | 1.355 | 1.580 | 1.806 |
| | 镀锌铁丝 ϕ4.0~2.8 | | kg | 0.077 | 0.077 | 0.077 | 0.077 | 0.077 | 0.077 |
| | 钢管 | | m | 10.090 | 10.090 | 10.090 | 10.080 | 10.080 | 10.080 |
| | 角钢(综合) | | kg | 0.127 | 0.127 | 0.127 | 0.127 | 0.127 | 0.127 |
| | 棉纱线 | | kg | 0.041 | 0.041 | 0.041 | 0.050 | 0.050 | 0.050 |
| | 尼龙砂轮片 ϕ100 | | 片 | 0.076 | 0.091 | 0.106 | 0.116 | 0.120 | 0.136 |
| | 氧气 | | $m^3$ | 0.670 | 0.805 | 0.990 | 1.085 | 1.114 | 1.202 |
| | 乙炔气 | | kg | 0.223 | 0.268 | 0.330 | 0.362 | 0.371 | 0.401 |
| | 其他材料费 | | % | 1.500 | 1.500 | 1.500 | 1.500 | 1.500 | 1.500 |
| 机械 | 半自动切割机 100mm | | 台班 | 0.071 | 0.071 | 0.071 | 0.100 | 0.100 | 0.100 |
| | 电焊条烘干箱 60×50×75(cm) | | 台班 | 0.027 | 0.033 | 0.038 | 0.040 | 0.041 | 0.047 |
| | 直流弧焊机 20kV·A | | 台班 | 0.274 | 0.330 | 0.380 | 0.398 | 0.407 | 0.466 |

工作内容：切管、坡口、对口、调直、焊接、找坡、找正、安装等。 计量单位：10m

| 定额编号 | | | | 1-9-13 | 1-9-14 | 1-9-15 | 1-9-16 | 1-9-17 | 1-9-18 |
|---|---|---|---|---|---|---|---|---|---|
| 项目 | | | | 电弧焊 | | | | | |
| | | | | 管外径×壁厚(mm×mm以内) | | | | | |
| | | | | 325×7 | 325×8 | 325×9 | 377×8 | 377×9 | 377×10 |
| 名称 | | | 单位 | 消耗量 | | | | | |
| 人工 | 合计工日 | | 工日 | 2.0490 | 2.2900 | 2.3140 | 2.3560 | 2.4300 | 2.6940 |
| | 其中 | 普工 | 工日 | 0.6150 | 0.6870 | 0.6940 | 0.7070 | 0.7290 | 0.8080 |
| | | 一般技工 | 工日 | 1.2300 | 1.3740 | 1.3880 | 1.4130 | 1.4580 | 1.6160 |
| | | 高级技工 | 工日 | 0.2050 | 0.2290 | 0.2310 | 0.2360 | 0.2430 | 0.2690 |
| 材料 | 低碳钢焊条(综合) | | kg | 1.886 | 2.155 | 2.176 | 2.214 | 3.349 | 3.711 |
| | 镀锌铁丝 ϕ4.0~2.8 | | kg | 0.077 | 0.077 | 0.077 | 0.077 | 0.077 | 0.077 |
| | 钢管 | | m | 10.070 | 10.070 | 10.070 | 10.060 | 10.060 | 10.060 |
| | 角钢(综合) | | kg | 0.167 | 0.167 | 0.167 | 0.167 | 0.167 | 0.167 |
| | 棉纱线 | | kg | 0.058 | 0.058 | 0.058 | 0.079 | 0.079 | 0.079 |
| | 尼龙砂轮片 ϕ100 | | 片 | 0.143 | 0.163 | 0.168 | 0.171 | 0.184 | 0.204 |
| | 氧气 | | $m^3$ | 1.344 | 1.361 | 1.374 | 1.398 | 1.506 | 1.566 |
| | 乙炔气 | | kg | 0.448 | 0.454 | 0.458 | 0.466 | 0.502 | 0.522 |
| | 其他材料费 | | % | 1.500 | 1.500 | 1.500 | 1.500 | 1.500 | 1.500 |
| 机械 | 半自动切割机 100mm | | 台班 | 0.104 | 0.104 | 0.104 | 0.108 | 0.108 | 0.108 |
| | 电焊条烘干箱 60×50×75(cm) | | 台班 | 0.049 | 0.056 | 0.063 | 0.064 | 0.065 | 0.066 |
| | 汽车式起重机 8t | | 台班 | 0.047 | 0.053 | 0.053 | 0.053 | 0.053 | 0.053 |
| | 载重汽车 8t | | 台班 | 0.027 | 0.027 | 0.027 | 0.027 | 0.027 | 0.027 |
| | 直流弧焊机 20kV·A | | 台班 | 0.489 | 0.558 | 0.628 | 0.637 | 0.646 | 0.663 |

**工作内容：**切管、坡口、对口、调直、焊接、找坡、找正、安装等。　　计量单位：10m

| 定额编号 | | | | 1-9-19 | 1-9-20 | 1-9-21 | 1-9-22 | 1-9-23 | 1-9-24 |
|---|---|---|---|---|---|---|---|---|---|
| 项　目 | | | | 电弧焊 | | | | | |
| | | | | 管外径×壁厚(mm×mm以内) | | | | | |
| | | | | 426×8 | 426×9 | 426×10 | 478×8 | 478×9 | 478×10 |
| 名　称 | | | 单位 | 消耗量 | | | | | |
| 人工 | 合计工日 | | 工日 | 2.6940 | 2.8350 | 3.1400 | 3.1820 | 3.3970 | 3.4870 |
| | 其中 | 普工 | 工日 | 0.8080 | 0.8510 | 0.9420 | 0.9550 | 1.0190 | 1.0460 |
| | | 一般技工 | 工日 | 1.6160 | 1.7010 | 1.8840 | 1.9090 | 2.0380 | 2.0920 |
| | | 高级技工 | 工日 | 0.2690 | 0.2840 | 0.3140 | 0.3180 | 0.3400 | 0.3490 |
| 材料 | 低碳钢焊条(综合) | | kg | 3.420 | 3.490 | 3.864 | 3.511 | 3.950 | 4.375 |
| | 镀锌铁丝 $\phi$4.0~2.8 | | kg | 0.077 | 0.077 | 0.077 | 0.077 | 0.077 | 0.077 |
| | 钢管 | | m | 10.050 | 10.050 | 10.050 | 10.040 | 10.040 | 10.040 |
| | 角钢(综合) | | kg | 0.167 | 0.167 | 0.167 | 0.167 | 0.167 | 0.167 |
| | 棉纱线 | | kg | 0.079 | 0.079 | 0.079 | 0.088 | 0.088 | 0.088 |
| | 尼龙砂轮片 $\phi$100 | | 片 | 0.192 | 0.250 | 0.276 | 0.240 | 0.282 | 0.299 |
| | 氧气 | | $m^3$ | 1.530 | 1.780 | 1.972 | 1.860 | 2.380 | 2.460 |
| | 乙炔气 | | kg | 0.510 | 0.590 | 0.657 | 0.620 | 0.790 | 0.820 |
| | 其他材料费 | | % | 1.500 | 1.500 | 1.500 | 1.500 | 1.500 | 1.500 |
| 机械 | 半自动切割机 100mm | | 台班 | 0.117 | 0.117 | 0.117 | 0.134 | 0.134 | 0.134 |
| | 电焊条烘干箱 60×50×75(cm) | | 台班 | 0.066 | 0.070 | 0.077 | 0.075 | 0.079 | 0.087 |
| | 汽车式起重机 8t | | 台班 | 0.062 | 0.062 | 0.062 | 0.071 | 0.071 | 0.071 |
| | 载重汽车 8t | | 台班 | 0.036 | 0.036 | 0.036 | 0.036 | 0.036 | 0.036 |
| | 直流弧焊机 20kV·A | | 台班 | 0.655 | 0.699 | 0.771 | 0.752 | 0.787 | 0.870 |

**工作内容:**切管、坡口、对口、调直、焊接、找坡、找正、安装等。

计量单位:10m

| 定额编号 | | | | 1-9-25 | 1-9-26 | 1-9-27 | 1-9-28 | 1-9-29 | 1-9-30 |
|---|---|---|---|---|---|---|---|---|---|
| 项目 | | | | 电弧焊 | | | 氩电联焊 | | |
| | | | | 管外径×壁厚(mm×mm 以内) | | | | | |
| | | | | 529×9 | 529×10 | 529×12 | 57×3.5 | 75×4 | 89×4 |
| 名称 | | | 单位 | 消耗量 | | | | | |
| 人工 | 合计工日 | | 工日 | 3.7940 | 3.8180 | 4.5950 | 0.6370 | 0.8260 | 0.9750 |
| | 其中 | 普工 | 工日 | 1.1380 | 1.1450 | 1.3780 | 0.1910 | 0.2480 | 0.2930 |
| | | 一般技工 | 工日 | 2.2760 | 2.2910 | 2.7570 | 0.3820 | 0.4960 | 0.5850 |
| | | 高级技工 | 工日 | 0.3790 | 0.3820 | 0.4590 | 0.0640 | 0.0830 | 0.0980 |
| 材料 | 低碳钢焊条(综合) | | kg | 4.260 | 5.250 | 6.321 | 0.070 | 0.088 | 0.107 |
| | 镀锌铁丝 $\phi$4.0~2.8 | | kg | 0.077 | 0.077 | 0.077 | 0.077 | 0.077 | 0.077 |
| | 钢管 | | m | 10.030 | 10.030 | 10.030 | 10.150 | 10.140 | 10.130 |
| | 角钢(综合) | | kg | 0.167 | 0.167 | 0.167 | — | — | — |
| | 棉纱线 | | kg | 0.097 | 0.097 | 0.097 | 0.011 | 0.014 | 0.018 |
| | 尼龙砂轮片 $\phi$100 | | 片 | 0.293 | 0.320 | 0.353 | 0.014 | 0.021 | 0.025 |
| | 碳钢氩弧焊丝 | | kg | — | — | — | 0.035 | 0.037 | 0.043 |
| | 氧气 | | $m^3$ | 2.420 | 2.510 | 2.665 | 0.170 | 0.250 | 0.283 |
| | 乙炔气 | | kg | 0.806 | 0.840 | 0.888 | 0.059 | 0.083 | 0.094 |
| | 氩气 | | $m^3$ | — | — | — | 0.098 | 0.103 | 0.123 |
| | 钸钨棒 | | g | — | — | — | 0.198 | 0.208 | 0.247 |
| | 其他材料费 | | % | 1.500 | 1.500 | 1.500 | 1.500 | 1.500 | 1.500 |
| 机械 | 半自动切割机 100mm | | 台班 | 0.152 | 0.152 | 0.152 | — | — | — |
| | 电焊条烘干箱 60×50×75(cm) | | 台班 | 0.084 | 0.097 | 0.100 | 0.004 | 0.005 | 0.006 |
| | 汽车式起重机 8t | | 台班 | 0.088 | 0.088 | 0.088 | — | — | — |
| | 砂轮切割机 $\phi$400 | | 台班 | — | — | — | 0.003 | 0.003 | 0.004 |
| | 载重汽车 8t | | 台班 | 0.045 | 0.045 | 0.045 | — | — | — |
| | 直流弧焊机 20kV·A | | 台班 | 0.840 | 0.973 | 1.001 | 0.041 | 0.051 | 0.058 |
| | 氩弧焊机 500A | | 台班 | — | — | — | 0.047 | 0.049 | 0.058 |

工作内容：切管、坡口、对口、调直、焊接、找坡、找正、安装等。 计量单位：10m

| 定额编号 | | | 1-9-31 | 1-9-32 | 1-9-33 | 1-9-34 | 1-9-35 | 1-9-36 |
|---|---|---|---|---|---|---|---|---|
| 项目 | | | 氩电联焊 | | | | | |
| | | | 管外径×壁厚(mm×mm以内) | | | | | |
| | | | 114×4 | 133×4.5 | 159×5 | 219×5 | 219×6 | 219×7 |
| 名称 | | 单位 | 消耗量 | | | | | |
| 人工 | 合计工日 | 工日 | 1.1490 | 1.2150 | 1.2730 | 1.3550 | 1.6280 | 1.7610 |
| | 其中 普工 | 工日 | 0.3450 | 0.3650 | 0.3820 | 0.4070 | 0.4890 | 0.5280 |
| | 其中 一般技工 | 工日 | 0.6900 | 0.7290 | 0.7640 | 0.8130 | 0.9770 | 1.0560 |
| | 其中 高级技工 | 工日 | 0.1150 | 0.1220 | 0.1270 | 0.1360 | 0.1630 | 0.1760 |
| 材料 | 低碳钢焊条(综合) | kg | 0.151 | 0.325 | 0.383 | 0.554 | 0.697 | 0.848 |
| | 镀锌铁丝 $\phi$4.0~2.8 | kg | 0.077 | 0.077 | 0.077 | 0.077 | 0.077 | 0.077 |
| | 钢管 | m | 10.120 | 10.110 | 10.100 | 10.090 | 10.090 | 10.090 |
| | 角钢(综合) | kg | — | — | — | 0.127 | 0.127 | 0.127 |
| | 棉纱线 | kg | 0.021 | 0.025 | 0.031 | 0.041 | 0.041 | 0.041 |
| | 尼龙砂轮片 $\phi$100 | 片 | 0.034 | 0.043 | 0.056 | 0.076 | 0.091 | 0.106 |
| | 碳钢氩弧焊丝 | kg | 0.057 | 0.067 | 0.080 | 0.110 | 0.110 | 0.110 |
| | 氧气 | $m^3$ | 0.340 | 0.429 | 0.545 | 0.670 | 0.805 | 0.990 |
| | 乙炔气 | kg | 0.113 | 0.143 | 0.182 | 0.223 | 0.268 | 0.330 |
| | 氩气 | $m^3$ | 0.157 | 0.187 | 0.233 | 0.308 | 0.308 | 0.308 |
| | 铈钨棒 | g | 0.313 | 0.373 | 0.447 | 0.617 | 0.617 | 0.617 |
| | 其他材料费 | % | 1.500 | 1.500 | 1.500 | 1.500 | 1.500 | 1.500 |
| 机械 | 半自动切割机 100mm | 台班 | — | — | 0.050 | 0.071 | 0.071 | 0.071 |
| | 电焊条烘干箱 60×50×75(cm) | 台班 | 0.009 | 0.012 | 0.016 | 0.019 | 0.025 | 0.030 |
| | 砂轮切割机 $\phi$400 | 台班 | 0.007 | 0.007 | — | — | — | — |
| | 直流弧焊机 20kV·A | 台班 | 0.093 | 0.118 | 0.160 | 0.190 | 0.246 | 0.296 |
| | 氩弧焊机 500A | 台班 | 0.073 | 0.087 | 0.104 | 0.143 | 0.143 | 0.143 |

**工作内容:**切管、坡口、对口、调直、焊接、找坡、找正、安装等。 计量单位:10m

| 定额编号 | | | | 1-9-37 | 1-9-38 | 1-9-39 | 1-9-40 | 1-9-41 | 1-9-42 |
|---|---|---|---|---|---|---|---|---|---|
| 项目 | | | | 氩电联焊 | | | | | |
| | | | | 管外径×壁厚(mm×mm以内) | | | | | |
| | | | | 273×6 | 273×7 | 273×8 | 325×7 | 325×8 | 325×9 |
| 名称 | | | 单位 | 消耗量 | | | | | |
| 人工 | 合计工日 | | 工日 | 1.8180 | 1.8680 | 1.9920 | 2.0580 | 2.3060 | 2.3230 |
| | 其中 | 普工 | 工日 | 0.5450 | 0.5600 | 0.5980 | 0.6170 | 0.6920 | 0.6970 |
| | | 一般技工 | 工日 | 1.0910 | 1.1210 | 1.1950 | 1.2350 | 1.3840 | 1.3940 |
| | | 高级技工 | 工日 | 0.1820 | 0.1870 | 0.1990 | 0.2060 | 0.2310 | 0.2320 |
| 材料 | 低碳钢焊条(综合) | | kg | 1.067 | 1.292 | 1.518 | 1.578 | 1.847 | 1.868 |
| | 镀锌铁丝 $\phi$4.0~2.8 | | kg | 0.077 | 0.077 | 0.077 | 0.077 | 0.077 | 0.077 |
| | 钢管 | | m | 10.080 | 10.080 | 10.080 | 10.070 | 10.070 | 10.070 |
| | 角钢(综合) | | kg | 0.127 | 0.127 | 0.127 | 0.167 | 0.167 | 0.167 |
| | 棉纱线 | | kg | 0.050 | 0.050 | 0.050 | 0.058 | 0.058 | 0.058 |
| | 尼龙砂轮片 $\phi$100 | | 片 | 0.116 | 0.120 | 0.136 | 0.143 | 0.163 | 0.168 |
| | 碳钢氩弧焊丝 | | kg | 0.137 | 0.137 | 0.137 | 0.140 | 0.140 | 0.140 |
| | 氧气 | | $m^3$ | 1.085 | 1.114 | 1.202 | 1.344 | 1.361 | 1.374 |
| | 乙炔气 | | kg | 0.362 | 0.371 | 0.401 | 0.448 | 0.454 | 0.458 |
| | 氩气 | | $m^3$ | 0.382 | 0.382 | 0.382 | 0.393 | 0.393 | 0.393 |
| | 铈钨棒 | | g | 0.763 | 0.763 | 0.763 | 0.787 | 0.787 | 0.787 |
| | 其他材料费 | | % | 1.500 | 1.500 | 1.500 | 1.500 | 1.500 | 1.500 |
| 机械 | 半自动切割机 100mm | | 台班 | 0.100 | 0.100 | 0.100 | 0.104 | 0.104 | 0.104 |
| | 电焊条烘干箱 60×50×75(cm) | | 台班 | 0.032 | 0.033 | 0.038 | 0.041 | 0.048 | 0.055 |
| | 汽车式起重机 8t | | 台班 | — | — | — | 0.047 | 0.053 | 0.053 |
| | 载重汽车 8t | | 台班 | — | — | — | 0.027 | 0.027 | 0.027 |
| | 直流弧焊机 20kV·A | | 台班 | 0.316 | 0.325 | 0.384 | 0.411 | 0.480 | 0.550 |
| | 氩弧焊机 500A | | 台班 | 0.177 | 0.177 | 0.177 | 0.183 | 0.183 | 0.183 |

**工作内容：**切管、坡口、对口、调直、焊接、找坡、找正、安装等。　　**计量单位：**10m

| 定额编号 | | | | 1-9-43 | 1-9-44 | 1-9-45 | 1-9-46 | 1-9-47 | 1-9-48 |
|---|---|---|---|---|---|---|---|---|---|
| 项　目 | | | | 氩电联焊 | | | | | |
| | | | | 管外径×壁厚(mm×mm以内) | | | | | |
| | | | | 377×8 | 377×9 | 377×10 | 426×8 | 426×9 | 426×10 |
| 名　称 | | | 单位 | 消　耗　量 | | | | | |
| 人工 | 合计工日 | | 工日 | 2.6040 | 2.6860 | 2.9510 | 2.7190 | 2.8590 | 3.1730 |
| | 其中 | 普工 | 工日 | 0.7810 | 0.8060 | 0.8850 | 0.8160 | 0.8580 | 0.9520 |
| | | 一般技工 | 工日 | 1.5620 | 1.6120 | 1.7700 | 1.6320 | 1.7160 | 1.9040 |
| | | 高级技工 | 工日 | 0.2600 | 0.2690 | 0.2950 | 0.2720 | 0.2860 | 0.3170 |
| 材料 | 低碳钢焊条(综合) | | kg | 1.886 | 3.021 | 3.383 | 3.048 | 3.118 | 3.492 |
| | 镀锌铁丝 $\phi$4.0~2.8 | | kg | 0.077 | 0.077 | 0.077 | 0.077 | 0.077 | 0.077 |
| | 钢管 | | m | 10.060 | 10.060 | 10.060 | 10.050 | 10.050 | 10.050 |
| | 角钢(综合) | | kg | 0.167 | 0.167 | 0.167 | 0.167 | 0.167 | 0.167 |
| | 棉纱线 | | kg | 0.079 | 0.079 | 0.079 | 0.079 | 0.079 | 0.079 |
| | 尼龙砂轮片 $\phi$100 | | 片 | 0.171 | 0.184 | 0.204 | 0.192 | 0.250 | 0.276 |
| | 碳钢氩弧焊丝 | | kg | 0.143 | 0.143 | 0.143 | 0.163 | 0.163 | 0.163 |
| | 氧气 | | $m^3$ | 1.398 | 1.506 | 1.566 | 1.530 | 1.780 | 1.972 |
| | 乙炔气 | | kg | 0.466 | 0.502 | 0.522 | 0.510 | 0.590 | 0.657 |
| | 氩气 | | $m^3$ | 0.403 | 0.403 | 0.403 | 0.458 | 0.458 | 0.458 |
| | 铈钨棒 | | g | 0.808 | 0.808 | 0.808 | 0.919 | 0.919 | 0.919 |
| | 其他材料费 | | % | 1.500 | 1.500 | 1.500 | 1.500 | 1.500 | 1.500 |
| 机械 | 半自动切割机 100mm | | 台班 | 0.108 | 0.108 | 0.108 | 0.117 | 0.117 | 0.117 |
| | 电焊条烘干箱 60×50×75(cm) | | 台班 | 0.056 | 0.057 | 0.059 | 0.057 | 0.061 | 0.069 |
| | 汽车式起重机 8t | | 台班 | 0.053 | 0.053 | 0.053 | 0.062 | 0.062 | 0.062 |
| | 载重汽车 8t | | 台班 | 0.027 | 0.027 | 0.027 | 0.036 | 0.036 | 0.036 |
| | 直流弧焊机 20kV·A | | 台班 | 0.562 | 0.571 | 0.588 | 0.569 | 0.613 | 0.685 |
| | 氩弧焊机 500A | | 台班 | 0.188 | 0.188 | 0.188 | 0.214 | 0.214 | 0.214 |

**工作内容**：切管、坡口、对口、调直、焊接、找坡、找正、安装等。

计量单位：10m

| 定额编号 | | | | 1-9-49 | 1-9-50 | 1-9-51 | 1-9-52 | 1-9-53 | 1-9-54 |
|---|---|---|---|---|---|---|---|---|---|
| 项目 | | | | 氩电联焊 | | | | | |
| | | | | 管外径×壁厚(mm×mm 以内) | | | | | |
| | | | | 478×8 | 478×9 | 478×10 | 529×9 | 529×10 | 529×12 |
| 名称 | | | 单位 | 消耗量 | | | | | |
| 人工 | 合计工日 | | 工日 | 3.2150 | 3.4380 | 3.5290 | 3.8430 | 3.9420 | 4.6530 |
| | 其中 | 普工 | 工日 | 0.9650 | 1.0310 | 1.0590 | 1.1530 | 1.1830 | 1.3960 |
| | | 一般技工 | 工日 | 1.9290 | 2.0630 | 2.1180 | 2.3060 | 2.3650 | 2.7920 |
| | | 高级技工 | 工日 | 0.3220 | 0.3440 | 0.3530 | 0.3840 | 0.3940 | 0.4650 |
| 材料 | 低碳钢焊条(综合) | | kg | 3.058 | 3.497 | 3.922 | 3.760 | 4.750 | 5.821 |
| | 镀锌铁丝 $\phi$4.0~2.8 | | kg | 0.077 | 0.077 | 0.077 | 0.077 | 0.077 | 0.077 |
| | 钢管 | | m | 10.040 | 10.040 | 10.040 | 10.030 | 10.030 | 10.030 |
| | 角钢(综合) | | kg | 0.167 | 0.167 | 0.167 | 0.167 | 0.167 | 0.167 |
| | 棉纱线 | | kg | 0.088 | 0.088 | 0.088 | 0.097 | 0.097 | 0.097 |
| | 尼龙砂轮片 $\phi$100 | | 片 | 0.240 | 0.282 | 0.299 | 0.293 | 0.320 | 0.353 |
| | 碳钢氩弧焊丝 | | kg | 0.183 | 0.183 | 0.183 | 0.203 | 0.203 | 0.203 |
| | 氧气 | | $m^3$ | 1.860 | 2.380 | 2.460 | 2.420 | 2.510 | 2.665 |
| | 乙炔气 | | kg | 0.620 | 0.790 | 0.820 | 0.806 | 0.840 | 0.888 |
| | 氩气 | | $m^3$ | 0.517 | 0.517 | 0.517 | 0.572 | 0.572 | 0.572 |
| | 铈钨棒 | | g | 1.032 | 1.032 | 1.032 | 1.144 | 1.144 | 1.144 |
| | 其他材料费 | | % | 1.500 | 1.500 | 1.500 | 1.500 | 1.500 | 1.500 |
| 机械 | 半自动切割机 100mm | | 台班 | 0.134 | 0.134 | 0.134 | 0.152 | 0.152 | 0.152 |
| | 电焊条烘干箱 60×50×75(cm) | | 台班 | 0.067 | 0.071 | 0.079 | 0.075 | 0.088 | 0.091 |
| | 汽车式起重机 8t | | 台班 | 0.071 | 0.071 | 0.071 | 0.088 | 0.088 | 0.088 |
| | 载重汽车 8t | | 台班 | 0.036 | 0.036 | 0.036 | 0.045 | 0.045 | 0.045 |
| | 直流弧焊机 20kV·A | | 台班 | 0.670 | 0.705 | 0.788 | 0.749 | 0.882 | 0.910 |
| | 氩弧焊机 500A | | 台班 | 0.241 | 0.241 | 0.241 | 0.265 | 0.265 | 0.265 |

## 2. 碳素钢板卷管安装

工作内容：切管、坡口、对口、调直、焊接、找坡、找正、直管安装等。 计量单位：10m

| 定额编号 | | | | 1-9-55 | 1-9-56 | 1-9-57 | 1-9-58 | 1-9-59 | 1-9-60 |
|---|---|---|---|---|---|---|---|---|---|
| 项目 | | | | 管外径×壁厚(mm×mm以内) | | | | | |
| | | | | 219×5 | 219×6 | 219×7 | 273×6 | 273×7 | 273×8 |
| 名称 | | | 单位 | 消耗量 | | | | | |
| 人工 | 合计工日 | | 工日 | 1.2400 | 1.2560 | 1.2890 | 1.4630 | 1.5040 | 1.5290 |
| | 其中 | 普工 | 工日 | 0.3720 | 0.3770 | 0.3870 | 0.4390 | 0.4510 | 0.4590 |
| | | 一般技工 | 工日 | 0.7440 | 0.7540 | 0.7740 | 0.8780 | 0.9020 | 0.9180 |
| | | 高级技工 | 工日 | 0.1240 | 0.1260 | 0.1290 | 0.1460 | 0.1500 | 0.1530 |
| 材料 | 低碳钢焊条(综合) | | kg | 0.696 | 0.861 | 1.129 | 1.223 | 1.427 | 1.693 |
| | 钢板卷管 | | m | 10.390 | 10.390 | 10.390 | 10.385 | 10.385 | 10.385 |
| | 角钢(综合) | | kg | 0.156 | 0.156 | 0.156 | 0.156 | 0.156 | 0.156 |
| | 棉纱线 | | kg | 0.044 | 0.044 | 0.044 | 0.054 | 0.054 | 0.054 |
| | 尼龙砂轮片 $\phi100$ | | 片 | 0.076 | 0.080 | 0.085 | 0.100 | 0.107 | 0.115 |
| | 氧气 | | $m^3$ | 0.823 | 0.943 | 1.055 | 1.075 | 1.206 | 1.329 |
| | 乙炔气 | | kg | 0.274 | 0.314 | 0.351 | 0.359 | 0.402 | 0.443 |
| | 其他材料费 | | % | 1.500 | 1.500 | 1.500 | 1.500 | 1.500 | 1.500 |
| 机械 | 电焊条烘干箱 60×50×75(cm) | | 台班 | 0.018 | 0.018 | 0.020 | 0.023 | 0.025 | 0.027 |
| | 直流弧焊机 20kV·A | | 台班 | 0.179 | 0.182 | 0.203 | 0.226 | 0.252 | 0.265 |

工作内容：切管、坡口、对口、调直、焊接、找坡、找正、直管安装等。 计量单位：10m

| 定额编号 | | | | 1-9-61 | 1-9-62 | 1-9-63 | 1-9-64 | 1-9-65 | 1-9-66 |
|---|---|---|---|---|---|---|---|---|---|
| 项目 | | | | 管外径×壁厚(mm×mm以内) | | | | | |
| | | | | 325×6 | 325×7 | 325×8 | 377×8 | 377×9 | 377×10 |
| 名称 | | | 单位 | 消耗量 | | | | | |
| 人工 | 合计工日 | | 工日 | 1.7280 | 1.7770 | 1.8020 | 2.0910 | 2.1240 | 2.1490 |
| | 其中 | 普工 | 工日 | 0.5180 | 0.5330 | 0.5400 | 0.6270 | 0.6370 | 0.6450 |
| | | 一般技工 | 工日 | 1.0370 | 1.0660 | 1.0810 | 1.2550 | 1.2750 | 1.2890 |
| | | 高级技工 | 工日 | 0.1730 | 0.1780 | 0.1800 | 0.2090 | 0.2120 | 0.2150 |
| 材料 | 低碳钢焊条(综合) | | kg | 1.580 | 1.702 | 2.020 | 2.346 | 2.715 | 3.190 |
| | 钢板卷管 | | m | 10.380 | 10.380 | 10.380 | 10.374 | 10.374 | 10.374 |
| | 角钢(综合) | | kg | 0.156 | 0.156 | 0.156 | 0.156 | 0.156 | 0.156 |
| | 棉纱线 | | kg | 0.066 | 0.066 | 0.066 | 0.075 | 0.075 | 0.075 |
| | 尼龙砂轮片 $\phi100$ | | 片 | 0.110 | 0.127 | 0.137 | 0.169 | 0.184 | 0.193 |
| | 氧气 | | $m^3$ | 1.302 | 1.332 | 1.472 | 1.615 | 1.762 | 1.902 |
| | 乙炔气 | | kg | 0.434 | 0.444 | 0.491 | 0.538 | 0.587 | 0.634 |
| | 其他材料费 | | % | 1.500 | 1.500 | 1.500 | 1.500 | 1.500 | 1.500 |
| 机械 | 电焊条烘干箱 60×50×75(cm) | | 台班 | 0.026 | 0.030 | 0.032 | 0.037 | 0.039 | 0.040 |
| | 汽车式起重机 8t | | 台班 | 0.047 | 0.053 | 0.053 | 0.053 | 0.053 | 0.053 |
| | 载重汽车 8t | | 台班 | 0.027 | 0.027 | 0.027 | 0.027 | 0.027 | 0.027 |
| | 直流弧焊机 20kV·A | | 台班 | 0.261 | 0.301 | 0.316 | 0.367 | 0.385 | 0.399 |

工作内容：切管、坡口、对口、调直、焊接、找坡、找正、直管安装等。

计量单位：10m

| 定额编号 | | | 1-9-67 | 1-9-68 | 1-9-69 | 1-9-70 | 1-9-71 | 1-9-72 |
|---|---|---|---|---|---|---|---|---|
| 项目 | | | 管外径×壁厚(mm×mm 以内) | | | | | |
| | | | 426×8 | 426×9 | 426×10 | 478×8 | 478×9 | 478×10 |
| 名称 | | 单位 | 消耗量 | | | | | |
| 人工 | 合计工日 | 工日 | 2.4380 | 2.4710 | 2.5040 | 3.0000 | 3.0410 | 3.0740 |
| 人工 | 其中 普工 | 工日 | 0.7320 | 0.7410 | 0.7510 | 0.9000 | 0.9120 | 0.9220 |
| 人工 | 其中 一般技工 | 工日 | 1.4630 | 1.4830 | 1.5030 | 1.8000 | 1.8250 | 1.8450 |
| 人工 | 其中 高级技工 | 工日 | 0.2440 | 0.2470 | 0.2500 | 0.3000 | 0.3040 | 0.3070 |
| 材料 | 低碳钢焊条(综合) | kg | 2.920 | 3.320 | 3.610 | 2.981 | 3.621 | 4.055 |
| 材料 | 钢板卷管 | m | 10.369 | 10.369 | 10.369 | 10.364 | 10.364 | 10.364 |
| 材料 | 角钢(综合) | kg | 0.156 | 0.156 | 0.156 | 0.156 | 0.156 | 0.156 |
| 材料 | 棉纱线 | kg | 0.084 | 0.084 | 0.084 | 0.094 | 0.094 | 0.094 |
| 材料 | 尼龙砂轮片 φ100 | 片 | 0.191 | 0.209 | 0.218 | 0.203 | 0.246 | 0.257 |
| 材料 | 氧气 | $m^3$ | 1.830 | 1.914 | 2.070 | 1.894 | 2.073 | 2.238 |
| 材料 | 乙炔气 | kg | 0.610 | 0.639 | 0.690 | 0.631 | 0.691 | 0.746 |
| 材料 | 其他材料费 | % | 1.500 | 1.500 | 1.500 | 1.500 | 1.500 | 1.500 |
| 机械 | 电焊条烘干箱 60×50×75(cm) | 台班 | 0.039 | 0.044 | 0.045 | 0.043 | 0.049 | 0.051 |
| 机械 | 汽车式起重机 8t | 台班 | 0.062 | 0.062 | 0.062 | 0.071 | 0.071 | 0.071 |
| 机械 | 载重汽车 8t | 台班 | 0.036 | 0.036 | 0.036 | 0.036 | 0.036 | 0.036 |
| 机械 | 直流弧焊机 20kV·A | 台班 | 0.391 | 0.436 | 0.452 | 0.426 | 0.492 | 0.510 |

工作内容：切管、坡口、对口、调直、焊接、找坡、找正、直管安装等。

计量单位：10m

| 定额编号 | | | 1-9-73 | 1-9-74 | 1-9-75 | 1-9-76 | 1-9-77 | 1-9-78 |
|---|---|---|---|---|---|---|---|---|
| 项目 | | | 管外径×壁厚(mm×mm 以内) | | | | | |
| | | | 529×8 | 529×9 | 529×10 | 630×8 | 630×9 | 630×10 |
| 名称 | | 单位 | 消耗量 | | | | | |
| 人工 | 合计工日 | 工日 | 3.5290 | 3.5790 | 3.9260 | 4.5950 | 4.6370 | 4.6610 |
| 人工 | 其中 普工 | 工日 | 1.0590 | 1.0740 | 1.1780 | 1.3780 | 1.3910 | 1.3980 |
| 人工 | 其中 一般技工 | 工日 | 2.1180 | 2.1470 | 2.3560 | 2.7570 | 2.7820 | 2.7970 |
| 人工 | 其中 高级技工 | 工日 | 0.3530 | 0.3580 | 0.3930 | 0.4590 | 0.4640 | 0.4660 |
| 材料 | 低碳钢焊条(综合) | kg | 3.610 | 3.905 | 4.525 | 4.360 | 5.448 | 6.186 |
| 材料 | 钢板卷管 | m | 10.359 | 10.359 | 10.359 | 10.354 | 10.354 | 10.354 |
| 材料 | 角钢(综合) | kg | 0.156 | 0.156 | 0.156 | 0.156 | 0.156 | 0.156 |
| 材料 | 六角螺栓(综合) | 10套 | — | — | — | 0.038 | 0.038 | 0.038 |
| 材料 | 棉纱线 | kg | 0.103 | 0.103 | 0.103 | 0.125 | 0.125 | 0.125 |
| 材料 | 尼龙砂轮片 φ100 | 片 | 0.220 | 0.285 | 0.297 | 0.292 | 0.356 | 0.370 |
| 材料 | 氧气 | $m^3$ | 2.072 | 2.212 | 2.400 | 2.340 | 2.687 | 2.901 |
| 材料 | 乙炔气 | kg | 0.690 | 0.740 | 0.800 | 0.780 | 0.896 | 0.967 |
| 材料 | 其他材料费 | % | 1.500 | 1.500 | 1.500 | 1.500 | 1.500 | 1.500 |
| 机械 | 电焊条烘干箱 60×50×75(cm) | 台班 | 0.047 | 0.050 | 0.057 | 0.055 | 0.075 | 0.076 |
| 机械 | 汽车式起重机 8t | 台班 | 0.088 | 0.088 | 0.088 | 0.106 | 0.133 | 0.150 |
| 机械 | 载重汽车 8t | 台班 | 0.045 | 0.045 | 0.045 | 0.045 | 0.045 | 0.054 |
| 机械 | 直流弧焊机 20kV·A | 台班 | 0.472 | 0.495 | 0.567 | 0.548 | 0.749 | 0.762 |

**工作内容:**切管、坡口、对口、调直、焊接、找坡、找正、直管安装等。　　计量单位:10m

| 定额编号 | | | | 1-9-79 | 1-9-80 | 1-9-81 | 1-9-82 | 1-9-83 | 1-9-84 |
|---|---|---|---|---|---|---|---|---|---|
| 项　目 | | | | 管外径×壁厚(mm×mm以内) | | | | | |
| | | | | 720×8 | 720×9 | 720×10 | 820×9 | 820×10 | 820×12 |
| 名　称 | | | 单位 | 消　耗　量 | | | | | |
| 人工 | 合计工日 | | 工日 | 5.3640 | 5.4050 | 5.4380 | 6.1410 | 6.1740 | 6.2730 |
| | 其中 | 普工 | 工日 | 1.6090 | 1.6210 | 1.6310 | 1.8420 | 1.8520 | 1.8820 |
| | | 一般技工 | 工日 | 3.2180 | 3.2430 | 3.2630 | 3.6840 | 3.7040 | 3.7640 |
| | | 高级技工 | 工日 | 0.5360 | 0.5400 | 0.5440 | 0.6140 | 0.6170 | 0.6270 |
| 材料 | 低碳钢焊条(综合) | | kg | 5.456 | 6.234 | 7.080 | 7.173 | 8.138 | 10.301 |
| | 钢板卷管 | | m | 10.349 | 10.349 | 10.349 | 10.344 | 10.344 | 10.344 |
| | 角钢(综合) | | kg | 0.172 | 0.172 | 0.172 | 0.172 | 0.172 | 0.172 |
| | 六角螺栓(综合) | | 10套 | 0.038 | 0.038 | 0.038 | 0.038 | 0.038 | 0.038 |
| | 棉纱线 | | kg | 0.140 | 0.140 | 0.140 | 0.162 | 0.162 | 0.162 |
| | 尼龙砂轮片 $\phi100$ | | 片 | 0.366 | 0.407 | 0.424 | 0.503 | 0.522 | 0.555 |
| | 氧气 | | $m^3$ | 2.750 | 3.000 | 3.240 | 3.387 | 3.660 | 4.179 |
| | 乙炔气 | | kg | 0.917 | 1.000 | 1.080 | 1.129 | 1.220 | 1.393 |
| | 其他材料费 | | % | 1.500 | 1.500 | 1.500 | 1.500 | 1.500 | 1.500 |
| 机械 | 电焊条烘干箱 60×50×75(cm) | | 台班 | 0.075 | 0.086 | 0.087 | 0.098 | 0.100 | 0.105 |
| | 汽车式起重机 8t | | 台班 | 0.150 | 0.150 | 0.168 | 0.168 | 0.186 | 0.212 |
| | 载重汽车 8t | | 台班 | 0.054 | 0.063 | 0.063 | 0.063 | 0.072 | 0.072 |
| | 直流弧焊机 20kV·A | | 台班 | 0.754 | 0.859 | 0.873 | 0.979 | 0.996 | 1.054 |

**工作内容:**切管、坡口、对口、调直、焊接、找坡、找正、直管安装等。　　计量单位:10m

| 定额编号 | | | | 1-9-85 | 1-9-86 | 1-9-87 | 1-9-88 | 1-9-89 | 1-9-90 |
|---|---|---|---|---|---|---|---|---|---|
| 项　目 | | | | 管外径×壁厚(mm×mm以内) | | | | | |
| | | | | 920×9 | 920×10 | 920×12 | 1020×10 | 1020×12 | 1020×14 |
| 名　称 | | | 单位 | 消　耗　量 | | | | | |
| 人工 | 合计工日 | | 工日 | 6.8840 | 6.9250 | 7.0330 | 7.6780 | 7.8010 | 8.0660 |
| | 其中 | 普工 | 工日 | 2.0650 | 2.0780 | 2.1100 | 2.3030 | 2.3400 | 2.4200 |
| | | 一般技工 | 工日 | 4.1310 | 4.1550 | 4.2200 | 4.6070 | 4.6810 | 4.8390 |
| | | 高级技工 | 工日 | 0.6880 | 0.6930 | 0.7030 | 0.7680 | 0.7800 | 0.8070 |
| 材料 | 低碳钢焊条(综合) | | kg | 8.145 | 9.139 | 11.570 | 10.140 | 12.839 | 15.923 |
| | 钢板卷管 | | m | 10.339 | 10.339 | 10.339 | 10.333 | 10.333 | 10.333 |
| | 角钢(综合) | | kg | 0.172 | 0.172 | 0.172 | 0.172 | 0.172 | 0.172 |
| | 六角螺栓(综合) | | 10套 | 0.038 | 0.038 | 0.038 | 0.038 | 0.038 | 0.038 |
| | 棉纱线 | | kg | 0.181 | 0.181 | 0.181 | 0.233 | 0.233 | 0.233 |
| | 尼龙砂轮片 $\phi100$ | | 片 | 0.542 | 0.552 | 0.623 | 0.602 | 0.692 | 0.735 |
| | 氧气 | | $m^3$ | 3.769 | 3.922 | 4.658 | 4.482 | 5.125 | 5.735 |
| | 乙炔气 | | kg | 1.256 | 1.358 | 1.552 | 1.506 | 1.721 | 1.924 |
| | 其他材料费 | | % | 1.500 | 1.500 | 1.500 | 1.500 | 1.500 | 1.500 |
| 机械 | 电焊条烘干箱 60×50×75(cm) | | 台班 | 0.104 | 0.105 | 0.118 | 0.106 | 0.131 | 0.154 |
| | 汽车式起重机 12t | | 台班 | — | — | — | — | 0.239 | 0.257 |
| | 汽车式起重机 8t | | 台班 | 0.186 | 0.212 | 0.221 | 0.221 | — | — |
| | 载重汽车 8t | | 台班 | 0.072 | 0.072 | 0.081 | 0.081 | 0.081 | 0.081 |
| | 直流弧焊机 20kV·A | | 台班 | 1.035 | 1.046 | 1.184 | 1.063 | 1.313 | 1.536 |

工作内容:切管、坡口、对口、调直、焊接、找坡、找正、直管安装等。

计量单位:10m

| 定额编号 | | | 1-9-91 | 1-9-92 | 1-9-93 | 1-9-94 | 1-9-95 | 1-9-96 |
|---|---|---|---|---|---|---|---|---|
| 项目 | | | 管外径×壁厚(mm×mm以内) | | | | | |
| | | | 1220×10 | 1220×12 | 1220×14 | 1420×10 | 1420×12 | 1420×14 |
| 名称 | | 单位 | 消耗量 | | | | | |
| 人工 | 合计工日 | 工日 | 10.2230 | 10.3960 | 10.8180 | 12.4620 | 12.5940 | 13.0820 |
| | 其中 普工 | 工日 | 3.0670 | 3.1190 | 3.2450 | 3.7390 | 3.7780 | 3.9250 |
| | 其中 一般技工 | 工日 | 6.1340 | 6.2380 | 6.4910 | 7.4770 | 7.5570 | 7.8490 |
| | 其中 高级技工 | 工日 | 1.0220 | 1.0400 | 1.0820 | 1.2460 | 1.2590 | 1.3080 |
| 材料 | 低碳钢焊条(综合) | kg | 12.830 | 20.469 | 25.427 | 18.856 | 23.846 | 29.628 |
| | 钢板卷管 | m | 10.328 | 10.328 | 10.328 | 10.323 | 10.323 | 10.323 |
| | 角钢(综合) | kg | 0.306 | 0.306 | 0.306 | 0.306 | 0.306 | 0.306 |
| | 六角螺栓(综合) | 10套 | 0.050 | 0.050 | 0.050 | 0.050 | 0.050 | 0.050 |
| | 棉纱线 | kg | 0.320 | 0.320 | 0.320 | 0.371 | 0.371 | 0.371 |
| | 尼龙砂轮片 $\phi100$ | 片 | 0.690 | 1.045 | 1.175 | 1.043 | 1.163 | 1.336 |
| | 氧气 | $m^3$ | 5.120 | 8.117 | 9.075 | 8.105 | 9.060 | 10.391 |
| | 乙炔气 | kg | 1.707 | 2.706 | 3.024 | 2.702 | 3.020 | 3.464 |
| | 其他材料费 | % | 1.500 | 1.500 | 1.500 | 1.500 | 1.500 | 1.500 |
| 机械 | 电焊条烘干箱 60×50×75(cm) | 台班 | 0.131 | 0.211 | 0.246 | 0.195 | 0.245 | 0.287 |
| | 汽车式起重机 12t | 台班 | 0.257 | 0.257 | — | — | — | — |
| | 汽车式起重机 16t | 台班 | — | — | 0.292 | 0.292 | 0.292 | 0.292 |
| | 载重汽车 8t | 台班 | 0.081 | 0.081 | 0.081 | 0.081 | 0.090 | 0.099 |
| | 直流弧焊机 20kV·A | 台班 | 1.309 | 2.105 | 2.463 | 1.946 | 2.450 | 2.868 |

工作内容:切管、坡口、对口、调直、焊接、找坡、找正、直管安装等。

计量单位:10m

| 定额编号 | | | 1-9-97 | 1-9-98 | 1-9-99 |
|---|---|---|---|---|---|
| 项目 | | | 管外径×壁厚(mm×mm以内) | | |
| | | | 1620×10 | 1620×12 | 1620×14 |
| 名称 | | 单位 | 消耗量 | | |
| 人工 | 合计工日 | 工日 | 14.7760 | 15.0070 | 15.5690 |
| | 其中 普工 | 工日 | 4.4330 | 4.5020 | 4.6710 |
| | 其中 一般技工 | 工日 | 8.8660 | 9.0040 | 9.3420 |
| | 其中 高级技工 | 工日 | 1.4780 | 1.5010 | 1.5570 |
| 材料 | 低碳钢焊条(综合) | kg | 21.524 | 27.224 | 33.827 |
| | 钢板卷管 | m | 10.318 | 10.318 | 10.318 |
| | 角钢(综合) | kg | 0.371 | 0.371 | 0.371 |
| | 六角螺栓(综合) | 10套 | 0.098 | 0.098 | 0.098 |
| | 棉纱线 | kg | 0.424 | 0.424 | 0.424 |
| | 尼龙砂轮片 $\phi100$ | 片 | 1.142 | 1.324 | 1.565 |
| | 氧气 | $m^3$ | 9.040 | 10.382 | 12.079 |
| | 乙炔气 | kg | 3.013 | 3.461 | 4.027 |
| | 其他材料费 | % | 1.500 | 1.500 | 1.500 |
| 机械 | 电焊条烘干箱 60×50×75(cm) | 台班 | 0.241 | 0.280 | 0.328 |
| | 汽车式起重机 16t | 台班 | 0.345 | 0.345 | 0.398 |
| | 载重汽车 8t | 台班 | 0.099 | 0.099 | 0.116 |
| | 直流弧焊机 20kV·A | 台班 | 2.406 | 2.796 | 3.275 |

## 3. 塑料管安装(胶圈接口)

**工作内容:**检查及清扫管材、切管、安装、上胶圈、对口、调直。 **计量单位:**10m

| 定额编号 | | | | 1-9-100 | 1-9-101 | 1-9-102 | 1-9-103 | 1-9-104 |
|---|---|---|---|---|---|---|---|---|
| 项目 | | | | 管外径(mm以内) | | | | |
| | | | | 110 | 125 | 160 | 250 | 315 |
| 名称 | | | 单位 | 消耗量 | | | | |
| 人工 | 合计工日 | | 工日 | 0.5640 | 0.6440 | 0.8150 | 1.3900 | 1.6600 |
| | 其中 | 普工 | 工日 | 0.1690 | 0.1930 | 0.2450 | 0.4170 | 0.4980 |
| | | 一般技工 | 工日 | 0.3380 | 0.3860 | 0.4890 | 0.8340 | 0.9960 |
| | | 高级技工 | 工日 | 0.0560 | 0.0640 | 0.0820 | 0.1390 | 0.1660 |
| 材料 | 润滑油 | | kg | 0.074 | 0.080 | 0.101 | 0.141 | 0.141 |
| | 砂布 | | 张 | 0.522 | 0.696 | 0.696 | 1.104 | 1.217 |
| | 塑料管 | | m | 10.000 | 10.000 | 10.000 | 10.000 | 10.000 |
| | 橡胶圈 | | 个 | 2.060 | 2.060 | 2.060 | 2.060 | 2.060 |
| | 其他材料费 | | % | 1.500 | 1.500 | 1.500 | 1.500 | 1.500 |

**工作内容:**检查及清扫管材、切管、安装、上胶圈、对口、调直。 **计量单位:**10m

| 定额编号 | | | | 1-9-105 | 1-9-106 | 1-9-107 | 1-9-108 |
|---|---|---|---|---|---|---|---|
| 项目 | | | | 管外径(mm以内) | | | |
| | | | | 355 | 400 | 500 | 600 |
| 名称 | | | 单位 | 消耗量 | | | |
| 人工 | 合计工日 | | 工日 | 1.9970 | 2.1990 | 2.5370 | 2.7050 |
| | 其中 | 普工 | 工日 | 0.5990 | 0.6600 | 0.7610 | 0.8120 |
| | | 一般技工 | 工日 | 1.1980 | 1.3190 | 1.5220 | 1.6230 |
| | | 高级技工 | 工日 | 0.2000 | 0.2200 | 0.2540 | 0.2710 |
| 材料 | 润滑油 | | kg | 0.181 | 0.181 | 0.221 | 0.271 |
| | 砂布 | | 张 | 1.304 | 1.478 | 1.565 | 1.655 |
| | 塑料管 | | m | 10.000 | 10.000 | 10.000 | 10.000 |
| | 橡胶圈 | | 个 | 2.060 | 2.060 | 2.060 | 2.060 |
| | 其他材料费 | | % | 1.500 | 1.500 | 1.500 | 1.500 |
| 机械 | 汽车式起重机 8t | | 台班 | — | — | — | 0.037 |

## 4. 塑料管安装(对接熔接)

**工作内容:**管口切削、对口、升温、熔接等。 **计量单位:**10m

| 定额编号 | | | | 1-9-109 | 1-9-110 | 1-9-111 | 1-9-112 | 1-9-113 | 1-9-114 |
|---|---|---|---|---|---|---|---|---|---|
| 项目 | | | | 管外径(mm以内) | | | | | |
| | | | | 110 | 125 | 160 | 200 | 250 | 315 |
| 名称 | | | 单位 | 消耗量 | | | | | |
| 人工 | 合计工日 | | 工日 | 0.3150 | 0.3850 | 0.4900 | 0.5950 | 0.7880 | 1.1550 |
| | 其中 | 普工 | 工日 | 0.0950 | 0.1160 | 0.1470 | 0.1790 | 0.2360 | 0.3470 |
| | | 一般技工 | 工日 | 0.1890 | 0.2310 | 0.2940 | 0.3570 | 0.4730 | 0.6930 |
| | | 高级技工 | 工日 | 0.0320 | 0.0390 | 0.0490 | 0.0600 | 0.0790 | 0.1160 |
| 材料 | 破布 | | kg | 0.017 | 0.020 | 0.034 | 0.047 | 0.061 | 0.079 |
| | 三氯乙烯 | | kg | 0.010 | 0.020 | 0.020 | 0.020 | 0.040 | 0.040 |
| | 塑料管 | | m | 10.000 | 10.000 | 10.000 | 10.000 | 10.000 | 10.000 |
| | 其他材料费 | | % | 1.500 | 1.500 | 1.500 | 1.500 | 1.500 | 1.500 |
| 机械 | 热熔对接焊机 630mm | | 台班 | 0.126 | 0.167 | 0.219 | 0.272 | 0.339 | 0.484 |

**工作内容:**管口切削、对口、升温、熔接等。 **计量单位:**10m

| 定额编号 | | | | 1-9-115 | 1-9-116 | 1-9-117 | 1-9-118 | 1-9-119 | 1-9-120 |
|---|---|---|---|---|---|---|---|---|---|
| 项目 | | | | 管外径(mm以内) | | | | | |
| | | | | 355 | 400 | 450 | 500 | 560 | 630 |
| 名称 | | | 单位 | 消耗量 | | | | | |
| 人工 | 合计工日 | | 工日 | 1.7150 | 2.1530 | 2.8960 | 3.3690 | 3.6840 | 3.9900 |
| | 其中 | 普工 | 工日 | 0.5150 | 0.6460 | 0.8690 | 1.0110 | 1.1050 | 1.1970 |
| | | 一般技工 | 工日 | 1.0290 | 1.2920 | 1.7380 | 2.0210 | 2.2100 | 2.3940 |
| | | 高级技工 | 工日 | 0.1720 | 0.2150 | 0.2900 | 0.3370 | 0.3680 | 0.3990 |
| 材料 | 破布 | | kg | 0.103 | 0.133 | 0.174 | 0.226 | 0.237 | 0.249 |
| | 三氯乙烯 | | kg | 0.040 | 0.060 | 0.060 | 0.060 | 0.063 | 0.066 |
| | 塑料管 | | m | 10.000 | 10.000 | 10.000 | 10.000 | 10.000 | 10.000 |
| | 其他材料费 | | % | 1.500 | 1.500 | 1.500 | 1.500 | 1.500 | 1.500 |
| 机械 | 汽车式起重机 8t | | 台班 | — | — | — | — | — | 0.037 |
| | 热熔对接焊机 630mm | | 台班 | 0.593 | 0.790 | 0.889 | 1.111 | 1.240 | 1.369 |

## 5. 塑料管安装(电熔管件熔接)

**工作内容:**管口切削、上电熔管件、升温、熔接等。　　**计量单位:**10m

| 定额编号 | | | | 1-9-121 | 1-9-122 | 1-9-123 | 1-9-124 | 1-9-125 |
|---|---|---|---|---|---|---|---|---|
| 项目 | | | | 管外径(mm 以内) | | | | |
| | | | | 110 | 125 | 160 | 200 | 250 |
| 名称 | | | 单位 | 消耗量 | | | | |
| 人工 | 合计工日 | | 工日 | 0.3000 | 0.3650 | 0.4710 | 0.5710 | 0.7760 |
| | 其中 | 普工 | 工日 | 0.0900 | 0.1090 | 0.1410 | 0.1710 | 0.2330 |
| | | 一般技工 | 工日 | 0.1800 | 0.2190 | 0.2820 | 0.3420 | 0.4660 |
| | | 高级技工 | 工日 | 0.0300 | 0.0360 | 0.0470 | 0.0570 | 0.0780 |
| 材料 | 电熔套筒 | | 个 | 1.000 | 1.000 | 1.000 | 1.000 | 1.000 |
| | 破布 | | kg | 0.017 | 0.020 | 0.034 | 0.047 | 0.074 |
| | 三氯乙烯 | | kg | 0.002 | 0.002 | 0.002 | 0.002 | 0.003 |
| | 塑料管 | | m | 10.000 | 10.000 | 10.000 | 10.000 | 10.000 |
| | 其他材料费 | | % | 1.500 | 1.500 | 1.500 | 1.500 | 1.500 |
| 机械 | 电熔焊接机 3.5kW | | 台班 | 0.125 | 0.167 | 0.234 | 0.271 | 0.271 |

**工作内容:**管口切削、上电熔管件、升温、熔接等。　　**计量单位:**10m

| 定额编号 | | | | 1-9-126 | 1-9-127 | 1-9-128 | 1-9-129 |
|---|---|---|---|---|---|---|---|
| 项目 | | | | 管外径(mm 以内) | | | |
| | | | | 315 | 400 | 500 | 600 |
| 名称 | | | 单位 | 消耗量 | | | |
| 人工 | 合计工日 | | 工日 | 0.9820 | 1.1870 | 1.3920 | 1.5970 |
| | 其中 | 普工 | 工日 | 0.2950 | 0.3560 | 0.4180 | 0.4790 |
| | | 一般技工 | 工日 | 0.5890 | 0.7120 | 0.8350 | 0.9580 |
| | | 高级技工 | 工日 | 0.0980 | 0.1190 | 0.1390 | 0.1600 |
| 材料 | 电熔套筒 | | 个 | 1.000 | 1.000 | 1.000 | 1.000 |
| | 破布 | | kg | 0.101 | 0.128 | 0.155 | 0.182 |
| | 三氯乙烯 | | kg | 0.003 | 0.003 | 0.003 | 0.004 |
| | 塑料管 | | m | 10.000 | 10.000 | 10.000 | 10.000 |
| | 其他材料费 | | % | 1.500 | 1.500 | 1.500 | 1.500 |
| 机械 | 电熔焊接机 3.5kW | | 台班 | 0.271 | 0.376 | 0.376 | 0.498 |
| | 汽车式起重机 8t | | 台班 | — | — | — | 0.037 |

## 6. 塑料管安装(电熔连接)

工作内容:管口切削、清理管口、组对、升温、熔接等。 计量单位:10m

| 定额编号 | | | | 1-9-130 | 1-9-131 | 1-9-132 | 1-9-133 | 1-9-134 | 1-9-135 |
|---|---|---|---|---|---|---|---|---|---|
| 项目 | | | | 管外径(mm 以内) | | | | | |
| | | | | 160 | 200 | 315 | 400 | 500 | 600 |
| 名称 | | | 单位 | 消耗量 | | | | | |
| 人工 | 合计工日 | | 工日 | 0.3590 | 0.4200 | 0.5600 | 0.7180 | 0.9010 | 1.2600 |
| | 其中 | 普工 | 工日 | 0.1080 | 0.1260 | 0.1680 | 0.2150 | 0.2700 | 0.3780 |
| | | 一般技工 | 工日 | 0.2150 | 0.2520 | 0.3360 | 0.4310 | 0.5410 | 0.7560 |
| | | 高级技工 | 工日 | 0.0360 | 0.0420 | 0.0560 | 0.0720 | 0.0900 | 0.1260 |
| 材料 | 破布 | | kg | 0.025 | 0.047 | 0.108 | 0.206 | 0.392 | 0.578 |
| | 三氯乙烯 | | kg | 0.002 | 0.002 | 0.003 | 0.003 | 0.004 | 0.005 |
| | 塑料管 | | m | 10.000 | 10.000 | 10.000 | 10.000 | 10.000 | 10.000 |
| | 其他材料费 | | % | 1.500 | 1.500 | 1.500 | 1.500 | 1.500 | 1.500 |
| 机械 | 电熔焊接机 3.5kW | | 台班 | 0.218 | 0.271 | 0.440 | 0.587 | 0.786 | 0.986 |
| | 汽车式起重机 8t | | 台班 | — | — | — | — | — | 0.037 |

## 7. 混凝土管铺设

工作内容:排管、下管、调直、找平、槽上搬运。 计量单位:100m

| 定额编号 | | | | 1-9-136 | 1-9-137 | 1-9-138 | 1-9-139 |
|---|---|---|---|---|---|---|---|
| 项目 | | | | 管径(mm 以内) | | | |
| | | | | 300 | 400 | 500 | 600 |
| 名称 | | | 单位 | 消耗量 | | | |
| 人工 | 合计工日 | | 工日 | 5.4350 | 7.4280 | 9.3430 | 11.8320 |
| | 其中 | 普工 | 工日 | 1.6300 | 2.2280 | 2.8030 | 3.5500 |
| | | 一般技工 | 工日 | 3.2610 | 4.4570 | 5.6060 | 7.0990 |
| | | 高级技工 | 工日 | 0.5430 | 0.7430 | 0.9340 | 1.1830 |
| 材料 | 钢筋混凝土管 | | m | 102.500 | 101.000 | 101.000 | 101.000 |
| | 其他材料费 | | % | 1.500 | 1.500 | 1.500 | 1.500 |
| 机械 | 汽车式起重机 8t | | 台班 | 0.223 | 0.337 | 0.405 | 0.548 |

**工作内容**:排管、下管、调直、找平、槽上搬运。　　**计量单位**:100m

| 定额编号 | | | | 1-9-140 | 1-9-141 | 1-9-142 | 1-9-143 |
|---|---|---|---|---|---|---|---|
| 项目 | | | | 管径(mm以内) | | | |
| | | | | 700 | 800 | 900 | 1000 |
| 名称 | | | 单位 | 消耗量 | | | |
| 人工 | 合计工日 | | 工日 | 12.6100 | 15.1960 | 18.5990 | 22.5750 |
| | 其中 | 普工 | 工日 | 3.7830 | 4.5590 | 5.5800 | 6.7730 |
| | | 一般技工 | 工日 | 7.5660 | 9.1180 | 11.1590 | 13.5450 |
| | | 高级技工 | 工日 | 1.2610 | 1.5200 | 1.8600 | 2.2580 |
| 材料 | 钢筋混凝土管 | | m | 101.000 | 101.000 | 101.000 | 101.000 |
| | 其他材料费 | | % | 1.500 | 1.500 | 1.500 | 1.500 |
| 机械 | 叉式起重机 3t | | 台班 | 0.069 | 0.083 | — | — |
| | 叉式起重机 5t | | 台班 | — | — | 0.101 | 0.122 |
| | 汽车式起重机 12t | | 台班 | 0.688 | 0.827 | — | — |
| | 汽车式起重机 16t | | 台班 | — | — | 1.009 | 1.224 |

## 8. 满包混凝土加固

**工作内容**:清理现场、配料、混凝土搅捣、养生,预制构件安装、材料运输。　　**计量单位**:10m$^3$

| 定额编号 | | | | 1-9-144 |
|---|---|---|---|---|
| 项目 | | | | C15 非泵送满包商品混凝土加固 |
| 名称 | | | 单位 | 消耗量 |
| 人工 | 合计工日 | | 工日 | 6.2400 |
| | 其中 | 普工 | 工日 | 2.4962 |
| | | 一般技工 | 工日 | 3.7438 |
| 材料 | 非泵送商品混凝土 C15 | | m$^3$ | 10.150 |
| | 水 | | m$^3$ | 7.140 |
| | 无纺土工布 | | m$^2$ | 43.676 |
| | 其他材料费 | | % | 1.100 |
| 机械 | 混凝土振捣器 插入式 | | 台班 | 1.392 |

# 第十章　措 施 项 目

# 说 明

一、本章定额包括围堰工程、脚手架工程和井点降水等项目。

二、围堰工程。

1. 本章定额适用于人工筑拆的围堰项目。机械筑拆的围堰执行“第一章 土石方工程”相关项目。

2. 本章围堰定额未包括施工期内发生潮汛冲刷后所需的养护工料。潮汛养护工料由各地区、部门自行制订调整办法。如遇特大潮汛发生人力所不能抗拒的损失时，应根椐实际情况另行处理。

3. 围堰工程 50m 范围以内取土、砂、砂砾，均不计土方和砂、砂砾的材料价格。取 50m 范围以外的土方、砂、砂砾，应计算土方和砂、砂砾材料的挖、运或外购费用。定额括号中所列黏土数量为自然土方数量，结算中可按取土的实际情况调整。

4. 本章围堰定额中的各种木桩、钢桩均不包括打拔，应按打拔工具桩相应项目另计，数量按实际计算。定额括号中所列打拔工具桩数量仅供参考。

5. 草袋围堰如使用麻袋、尼龙袋装土围筑，应按麻袋、尼龙袋的规格调整材料的消耗量，但人工、机械应按定额规定执行。

6. 围堰施工中若未使用驳船，而是搭设了栈桥，则应扣除定额中驳船费用而执行相应的脚手架项目。

7. 定额围堰尺寸的取定：

(1)土草围堰的堰顶宽为 1 ~2m，堰高为 4m 以内。

(2)土石混合围堰的堰顶宽为 2m，堰高为 6m 以内。

(3)圆木桩围堰的堰顶宽为 2 ~2.5m，堰高 5m 以内。

(4)钢桩围堰的堰顶宽为 2.5 ~3m，堰高 6m 以内。

(5)钢板桩围堰的堰顶宽为 2.5 ~3m，堰高 6m 以内。

(6)竹笼围堰竹笼间黏土填心的宽度为 2 ~2.5m，堰高 5m 以内。

8. 筑岛填心子目是指在围堰围成的区域内填土、砂及砂砾石。

9. 双层竹笼围堰竹笼间黏土填心的宽度超过 2.5m，超出部分执行筑岛填心项目。

10. 施工围堰的尺寸按有关设计施工规范确定。堰内坡脚至堰内基坑边缘距离根椐河床土质及基坑深度确定，但不得小于 1m。

三、脚手架工程。

本章定额中脚手架均按钢管式脚手架编制，未包括脚手架基础加固。

1. 钢管脚手架定额中已包括斜道及拐弯平台的搭设。

2. 砌筑物高度超过 1.2m 可计算脚手架搭拆费用。

四、井点降水。

1. 井点降水项目适用于地下水位较高的粉砂土、砂质粉土、黏质粉土或淤泥质夹薄层砂性土的地层。

2. 井点类型的选用由施工组织设计确定。一般情况下，降水深度 6m 以内采用轻型井点，6m 以上至 30m 以内采用相应的喷射井点，特殊情况下可选用大口径井点及深井井点。井点使用时间按施工组织设计确定。喷射井点定额包括两根观察孔制作，喷射井管包括了内管和外管。井点材料使用摊销量中已包括井点拆除时的材料损耗量。

3. 井点(管)间距根椐地质和降水要求由施工组织设计确定。

4. 井点降水过程中，如需提供资料，则水位监测和资料整理费用另计。

5. 井点降水成孔过程中产生的泥水处理及挖沟排水工作应另行计算。遇有天然水源可用时，不计水费。

6. 井点降水必须保证连续供电，在电源无保证的情况下，使用备用电源的费用另计。

# 工程量计算规则

一、围堰工程。

1. 围堰工程分别按体积和长度计算。

2. 以体积计算的围堰，工程量按围堰的施工断面乘以围堰中心线的长度计算。

3. 以长度计算的围堰，工程量按围堰中心线的长度计算。

4. 围堰高度按施工期内的最高临水面加 0.5m 计算。

二、脚手架工程。

1. 满堂脚手架按搭设净面积计算，其高度在 3.6～5.2m 之间时，计算基本层，5.2m 以外，每增加 1.2m计算一个增加层，不足 0.6m 按一个增加层乘以系数 0.50 计算。满堂脚手架增加层 =（室内净高 -5.2）/1.2。

2. 单排、双排脚手架工程量按墙面水平边线长度乘以墙面砌筑高度以面积计算，柱形砌体按图示柱结构外围周长另加 3.6m 乘以砌筑高度以面积计算。

三、井点降水。

1. 轻型井点以 50 根为一套，喷射井点以 30 根为一套，大口径井点以 10 根为一套；井点的安装、拆除以“10 根”计算；井点使用的定额单位为“套・天”，累计根数不足一套的按一套计算。

2. 深井井点的安装、拆除以“座”计算，井点使用的定额单位为“座・天”。

3. 井点使用一天按 24h 计算。

# 1.围堰工程

**工作内容:**清理基底,50m范围内的装、运土,草袋装土,封包运输,堆筑,填土夯实,拆除清理。

计量单位:100m³

| 定额编号 | | | 1-10-1 | 1-10-2 |
|---|---|---|---|---|
| 项目 | | | 土草围堰 | |
| | | | 土围堰 | 草袋围堰 |
| 名称 | | 单位 | 消耗量 | |
| 人工 | 合计工日 | 工日 | 91.1510 | 145.5200 |
| | 其中 普工 | 工日 | 63.8060 | 101.8640 |
| | 其中 一般技工 | 工日 | 27.3450 | 43.6560 |
| 材料 | 黏土 | m³ | (121.000) | (93.000) |
| | 草袋 | 个 | — | 1926.000 |
| | 麻绳 | kg | — | 10.200 |
| 机械 | 驳船 50t | 台班 | 2.010 | 2.010 |
| | 夯实机电动 20~62N·m | 台班 | 2.333 | 2.333 |

**工作内容:**过水土、石围堰:清理基底,50m内取土、块石抛填,浇捣溢流面混凝土,不包括拆除清理。不过水土、石围堰:清理基底,50m内取土、块石抛填,干砌,堆筑,拆除清理。

计量单位:100m³

| 定额编号 | | | 1-10-3 | 1-10-4 |
|---|---|---|---|---|
| 项目 | | | 土石混合围堰 | |
| | | | 过水围堰 | 不过水围堰 |
| 名称 | | 单位 | 消耗量 | |
| 人工 | 合计工日 | 工日 | 99.5230 | 140.0280 |
| | 其中 普工 | 工日 | 69.6660 | 98.0200 |
| | 其中 一般技工 | 工日 | 29.8570 | 42.0080 |
| 材料 | 黏土 | m³ | (41.660) | (40.070) |
| | 板枋材 | m³ | 0.065 | — |
| | 电 | kW·h | 9.859 | — |
| | 混凝土 C20 | m³ | 16.820 | — |
| | 块石 200~500 | t | 76.960 | 132.660 |
| | 砂砾 5~12 | m³ | — | 14.940 |
| | 水 | m³ | 3.690 | — |
| | 碎石 20 | m³ | 17.490 | — |
| | 原木 | m³ | 0.092 | — |
| | 圆钉 | kg | 6.180 | — |
| | 其他材料费 | % | 0.620 | 1.450 |
| 机械 | 驳船 50t | 台班 | 0.940 | 1.880 |
| | 夯实机电动 20~62N·m | 台班 | 0.923 | 0.745 |
| | 木工圆锯机 500mm | 台班 | 0.035 | — |
| | 载重汽车 4t | 台班 | 0.257 | — |

**工作内容:**安挡土篱笆、挂草帘、铁丝固定木桩、50m 内取土、夯填、拆除清理。 **计量单位:**10 延长米堰体

| 定额编号 | | | | 1－10－5 | 1－10－6 | 1－10－7 |
|---|---|---|---|---|---|---|
| 项　目 | | | | 圆木桩围堰 | | |
| | | | | 堰高 3m 以内 | 堰高 4m 以内 | 堰高 5m 以内 |
| 名　称 | | | 单位 | 消　耗　量 | | |
| 人工 | 合计工日 | | 工日 | 66.5440 | 120.0780 | 159.6340 |
| | 其中 | 普工 | 工日 | 46.5810 | 84.0550 | 111.7440 |
| | | 一般技工 | 工日 | 19.9630 | 36.0230 | 47.8900 |
| 材料 | 圆木桩 | | $m^3$ | (5.130) | (6.930) | (8.860) |
| | 黏土 | | $m^3$ | (63.180) | (105.300) | (131.630) |
| | 草袋 | | $m^2$ | 63.000 | 83.360 | 104.200 |
| | 镀锌铁丝 $\phi4.0$ | | kg | 24.150 | 28.620 | 28.620 |
| | 竹篱片 | | $m^2$ | 61.800 | 82.480 | 103.100 |
| | 其他材料费 | | % | 4.030 | 4.750 | 5.270 |
| 机械 | 驳船 50t | | 台班 | 1.130 | 1.880 | 2.340 |
| | 夯实机电动 20～62N·m | | 台班 | 1.402 | 2.333 | 2.919 |

**工作内容:**安挡土篱笆、挂草帘、铁丝固定、50m 内取土、夯填、拆除清理。 **计量单位:**10 延长米堰体

| 定额编号 | | | | 1－10－8 | 1－10－9 | 1－10－10 |
|---|---|---|---|---|---|---|
| 项　目 | | | | 钢桩围堰 | | |
| | | | | 堰高 4m 以内 | 堰高 5m 以内 | 堰高 6m 以内 |
| 名　称 | | | 单位 | 消　耗　量 | | |
| 人工 | 合计工日 | | 工日 | 115.9290 | 150.8220 | 225.8510 |
| | 其中 | 普工 | 工日 | 81.1500 | 105.5750 | 158.0960 |
| | | 一般技工 | 工日 | 34.7790 | 45.2470 | 67.7550 |
| 材料 | 工字钢(综合) | | t | (7.776) | (9.504) | (10.370) |
| | 黏土 | | $m^3$ | (105.300) | (131.630) | (189.540) |
| | 草袋 | | $m^2$ | 83.360 | 104.200 | 125.040 |
| | 镀锌铁丝 $\phi4.0$ | | kg | 28.360 | 28.360 | 28.360 |
| | 竹篱片 | | $m^2$ | 82.480 | 103.100 | 123.720 |
| | 其他材料费 | | % | 4.380 | 3.590 | 3.040 |
| 机械 | 驳船 50t | | 台班 | 1.880 | 2.340 | 3.380 |
| | 夯实机电动 20～62N·m | | 台班 | 2.333 | 2.919 | 4.205 |

**工作内容**:50m 内取土、夯填、压草袋、拆除清理。 **计量单位**:10 延长米堰体

| 定额编号 | | | | 1-10-11 | 1-10-12 | 1-10-13 |
|---|---|---|---|---|---|---|
| 项目 | | | | 钢板桩围堰 | | |
| | | | | 堰高 4m 以内 | 堰高 5m 以内 | 堰高 6m 以内 |
| 名称 | | | 单位 | 消耗量 | | |
| 人工 | 合计工日 | | 工日 | 103.5560 | 142.4390 | 214.3760 |
| | 其中 | 普工 | 工日 | 72.4890 | 99.7070 | 150.0630 |
| | | 一般技工 | 工日 | 31.0670 | 42.7320 | 64.3130 |
| 材料 | 钢板桩 | | t | (20.671) | (25.261) | (27.557) |
| | 黏土 | | $m^3$ | (103.080) | (128.580) | (185.000) |
| | 草袋 | | 个 | 167.000 | 209.000 | 301.000 |
| | 其他材料费 | | % | 8.140 | 6.500 | 4.510 |
| 机械 | 驳船 50t | | 台班 | 1.880 | 2.340 | 3.380 |
| | 夯实机电动 20~62N·m | | 台班 | 2.333 | 2.919 | 4.205 |

**工作内容**:选料、破竹、编竹笼、笼内填石、安放、笼间填筑、50m 内取土、夯填、拆除清理。 **计量单位**:10 延长米堰体

| 定额编号 | | | | 1-10-14 | 1-10-15 | 1-10-16 |
|---|---|---|---|---|---|---|
| 项目 | | | | 双层竹笼围堰 | | |
| | | | | 堰高 3m 以内 | 堰高 4m 以内 | 堰高 5m 以内 |
| 名称 | | | 单位 | 消耗量 | | |
| 人工 | 合计工日 | | 工日 | 136.2480 | 221.9530 | 304.0210 |
| | 其中 | 普工 | 工日 | 95.3740 | 155.3670 | 212.8150 |
| | | 一般技工 | 工日 | 40.8740 | 66.5860 | 91.2060 |
| 材料 | 黏土 | | $m^3$ | (72.660) | (121.100) | (151.370) |
| | 镀锌铁丝 $\phi$2.8 | | kg | 21.650 | 32.480 | 43.300 |
| | 块石 200~500 | | t | 139.360 | 185.810 | 232.250 |
| | 毛竹 | | 根 | 105.000 | 140.000 | 176.000 |
| | 其他材料费 | | % | 0.820 | 0.910 | 0.970 |
| 机械 | 驳船 50t | | 台班 | 1.250 | 1.850 | 2.300 |

**工作内容**:50m 内取土、运砂、填筑、夯实、拆除清理。 **计量单位**:$100m^3$

| 定额编号 | | | | 1-10-17 | 1-10-18 | 1-10-19 | 1-10-20 | 1-10-21 | 1-10-22 |
|---|---|---|---|---|---|---|---|---|---|
| 项目 | | | | 筑岛填心 | | | | | |
| | | | | 填土 | | 填砂 | | 填砂砾石 | |
| | | | | 夯填 | 松填 | 夯填 | 松填 | 夯填 | 松填 |
| 名称 | | | 单位 | 消耗量 | | | | | |
| 人工 | 合计工日 | | 工日 | 87.1500 | 73.0710 | 53.1300 | 41.0220 | 77.9100 | 55.3770 |
| | 其中 | 普工 | 工日 | 61.0050 | 51.1500 | 37.1910 | 28.7150 | 54.5370 | 38.7640 |
| | | 一般技工 | 工日 | 26.1450 | 21.9210 | 15.9390 | 12.3070 | 23.3730 | 16.6130 |
| 材料 | 黏土 | | $m^3$ | (105.000) | (90.000) | — | — | — | — |
| | 砂砾石 | | t | — | — | — | — | 165.100 | 132.600 |
| | 砂子(中砂) | | t | — | — | 170.850 | 132.600 | — | — |
| 机械 | 驳船 50t | | 台班 | 2.250 | 1.910 | 2.810 | 2.250 | 2.700 | 2.250 |
| | 夯实机电动 20~62N·m | | 台班 | 2.333 | — | 2.333 | — | 2.333 | — |

## 2. 脚手架工程

**工作内容**：场内外材料搬运、搭拆脚手架、拆除脚手架后材料的堆放。　　　　**计量单位**：100m²

| 定额编号 | | | | 1-10-23 | 1-10-24 |
|---|---|---|---|---|---|
| 项目 | | | | 满堂脚手架 | |
| | | | | 基本层(3.6~5.2m) | 增加层1.2m |
| 名称 | | | 单位 | 消耗量 | |
| 人工 | 合计工日 | | 工日 | 7.2180 | 1.5520 |
| | 其中 | 普工 | 工日 | 2.1650 | 0.4660 |
| | | 一般技工 | 工日 | 4.3310 | 0.9310 |
| | | 高级技工 | 工日 | 0.7220 | 0.1550 |
| 材料 | 挡脚板 | | $m^3$ | 0.002 | — |
| | 镀锌铁丝 φ4.0 | | kg | 29.335 | — |
| | 红丹防锈漆 | | kg | 0.642 | 0.215 |
| | 脚手架钢管 | | kg | 7.341 | 2.447 |
| | 脚手架钢管底座 | | 个 | 0.150 | — |
| | 扣件 | | 个 | 2.852 | 0.951 |
| | 木脚手板 | | $m^3$ | 0.063 | — |
| | 油漆溶剂油 | | kg | 0.073 | 0.025 |
| | 圆钉 | | kg | 2.846 | — |
| 机械 | 载重汽车 6t | | 台班 | 0.309 | 0.049 |

**工作内容**：清理场地、搭脚手架、挂安全网、拆除、堆放、材料场内运输。　　　　**计量单位**：100m²

| 定额编号 | | | | 1-10-25 | 1-10-26 | 1-10-27 | 1-10-28 |
|---|---|---|---|---|---|---|---|
| 项目 | | | | 钢管脚手架 | | | |
| | | | | 单排 | | 双排 | |
| | | | | 4m以内 | 8m以内 | 4m以内 | 8m以内 |
| 名称 | | | 单位 | 消耗量 | | | |
| 人工 | 合计工日 | | 工日 | 5.5350 | 5.7240 | 7.5420 | 7.6050 |
| | 其中 | 普工 | 工日 | 2.2140 | 2.2900 | 3.0170 | 3.0420 |
| | | 一般技工 | 工日 | 3.3210 | 3.4340 | 4.5250 | 4.5630 |
| 材料 | 安全网 | | $m^2$ | 2.680 | 1.380 | 2.680 | 1.380 |
| | 脚手钢管 φ48 | | t | 0.021 | 0.036 | 0.027 | 0.050 |
| | 脚手架钢管底座 | | 个 | 0.240 | 0.250 | 0.450 | 0.430 |
| | 扣件 | | 个 | 2.190 | 4.390 | 3.200 | 6.480 |
| | 竹脚手板 | | $m^2$ | 5.110 | 5.110 | 5.980 | 5.980 |
| | 其他材料费 | | % | 3.310 | 3.180 | 3.920 | 3.630 |

## 3. 井点降水

**工作内容：**井管装配、地面试管、铺总管、装拆水泵、钻机安拆、钻孔沉管、灌砂封口、连接、试抽；拔管、拆管、灌砂、清洗整理、堆放；抽水、值班、井管堵漏等。

| 定额编号 | | | 1－10－29 | 1－10－30 | 1－10－31 | 1－10－32 | 1－10－33 | 1－10－34 |
|---|---|---|---|---|---|---|---|---|
| 项目 | | | 轻型井点 | | | 喷射井点 | | |
| | | | | | | 井管深 10m | | |
| | | | 安装 | 拆除 | 使用 | 安装 | 拆除 | 使用 |
| | | | 10 根 | 10 根 | 套·天 | 10 根 | 10 根 | 套·天 |
| 名称 | | 单位 | 消耗量 | | | | | |
| 人工 | 合计工日 | 工日 | 2.9810 | 2.0700 | 2.7000 | 27.5400 | 8.2860 | 4.8600 |
| | 一般技工 | 工日 | 2.9810 | 2.0700 | 2.7000 | 27.5400 | 8.2860 | 4.8600 |
| 材料 | 法兰 *DN*150 | 副 | — | — | — | 0.013 | — | 0.042 |
| | 回水连接件 | 副 | — | — | — | 0.022 | — | 0.070 |
| | 胶管 *D*50 | m | 1.700 | — | — | — | — | — |
| | 滤网管 | 根 | — | — | — | 0.036 | — | 0.114 |
| | 喷射井点井管 *D*76 | m | — | — | — | 0.290 | — | 0.930 |
| | 喷射井点总管 *D*159 | m | — | — | — | 0.046 | — | 0.120 |
| | 喷射器 | 个 | — | — | — | 0.048 | — | 0.177 |
| | 轻型井点井管 *D*40 | m | 0.220 | — | 0.830 | — | — | — |
| | 轻型井点总管 *D*100 | m | 0.011 | — | 0.040 | — | — | — |
| | 砂子(中砂) | t | 1.010 | 0.118 | — | 21.930 | 0.383 | — |
| | 水 | $m^3$ | 18.180 | — | — | 174.000 | 18.600 | — |
| | 水箱 | kg | — | — | — | 0.356 | — | 1.120 |
| | 其他材料费 | % | 0.950 | — | 7.340 | 0.130 | 6.260 | 1.120 |
| 机械 | 电动单级离心清水泵 100mm | 台班 | 0.400 | 0.080 | — | — | — | — |
| | 电动单筒快速卷扬机 5kN | 台班 | — | 0.240 | — | — | — | — |
| | 电动多级离心清水泵 150mm、180m 以下 | 台班 | — | — | — | 1.173 | — | 2.550 |
| | 工程地质液压钻机 | 台班 | — | — | — | 1.173 | — | — |
| | 履带式起重机 10t | 台班 | — | — | — | 1.173 | 1.275 | — |
| | 轻便钻机 XJ－100 | 台班 | 0.570 | — | — | — | — | — |
| | 射流井点泵 9.50m | 台班 | — | 0.240 | 3.000 | — | — | — |
| | 污水泵 100mm | 台班 | — | — | — | 2.346 | — | — |

**工作内容：**井管装配、地面试管、铺总管、装拆水泵、钻机安拆、钻孔沉管、灌砂封口、连接、试抽；拔管、拆管、灌砂、清洗整理、堆放；抽水、值班、井管堵漏等。

| 定额编号 | | | 1-10-35 | 1-10-36 | 1-10-37 | 1-10-38 | 1-10-39 | 1-10-40 |
|---|---|---|---|---|---|---|---|---|
| 项目 | | | 喷射井点 | | | | | |
| | | | 井管深 15m | | | 井管深 20m | | |
| | | | 安装 | 拆除 | 使用 | 安装 | 拆除 | 使用 |
| | | | 10根 | 10根 | 套·天 | 10根 | 10根 | 套·天 |
| 名称 | | 单位 | 消耗量 | | | | | |
| 人工 | 合计工日 | 工日 | 41.8280 | 15.8440 | 4.8600 | 53.4600 | 20.2500 | 4.8600 |
| | 一般技工 | 工日 | 41.8280 | 15.8440 | 4.8600 | 53.4600 | 20.2500 | 4.8600 |
| 材料 | 镀锌钢管 *DN*20 | m | 0.860 | — | — | 1.150 | — | — |
| | 法兰 *DN*150 | 副 | 0.013 | — | 0.042 | 0.013 | — | 0.042 |
| | 回水连接件 | 副 | 0.023 | — | 0.075 | 0.025 | — | 0.080 |
| | 滤网管 | 根 | 0.042 | — | 0.136 | 0.051 | — | 0.162 |
| | 喷射井点井管 *D*76 | m | 0.540 | — | 1.520 | 0.880 | — | 2.260 |
| | 喷射井点总管 *D*159 | m | 0.046 | — | 0.120 | 0.046 | — | 0.120 |
| | 喷射器 | 个 | 0.056 | — | 0.225 | 0.067 | — | 0.290 |
| | 砂子(中砂) | t | 33.023 | 0.676 | — | 44.243 | 0.982 | — |
| | 水 | $m^3$ | 202.000 | 59.000 | — | 230.000 | 100.000 | — |
| | 水箱 | kg | 0.356 | — | 1.120 | 0.356 | — | 1.120 |
| | 其他材料费 | % | 0.120 | 4.680 | 0.870 | 0.120 | 3.440 | 0.660 |
| 机械 | 电动多级离心清水泵 150mm、180m 以下 | 台班 | 1.496 | 0.782 | 2.550 | 1.828 | 0.935 | 2.550 |
| | 电动空气压缩机 $6m^3/min$ | 台班 | 1.496 | — | — | 1.828 | — | — |
| | 工程地质液压钻机 | 台班 | 1.496 | — | — | 1.828 | — | — |
| | 履带式起重机 10t | 台班 | 1.496 | 1.564 | — | 1.828 | 1.870 | — |
| | 污水泵 100mm | 台班 | 2.992 | 1.564 | — | 3.655 | 1.870 | — |

**工作内容：**井管装配、地面试管、铺总管、装拆水泵、钻机安拆、钻孔沉管、灌砂封口、连接、试抽；拔管、拆管、灌砂、清洗整理、堆放；抽水、值班、井管堵漏等。

| 定额编号 | | | 1-10-41 | 1-10-42 | 1-10-43 | 1-10-44 | 1-10-45 | 1-10-46 |
|---|---|---|---|---|---|---|---|---|
| 项目 | | | 喷射井点 | | | | | |
| | | | 井管深25m | | | 井管深30m | | |
| | | | 安装 | 拆除 | 使用 | 安装 | 拆除 | 使用 |
| | | | 10根 | 10根 | 套·天 | 10根 | 10根 | 套·天 |
| 名称 | | 单位 | 消耗量 | | | | | |
| 人工 | 合计工日 | 工日 | 66.1280 | 25.6850 | 4.8600 | 76.3020 | 29.5650 | 4.8600 |
| | 一般技工 | 工日 | 66.1280 | 25.6850 | 4.8600 | 76.3020 | 29.5650 | 4.8600 |
| 材料 | 镀锌钢管 *DN*20 | m | 1.440 | — | — | 1.730 | — | — |
| | 法兰 *DN*150 | 副 | 0.013 | — | 0.042 | 0.013 | — | 0.042 |
| | 回水连接件 | 副 | 0.027 | — | 0.085 | 0.029 | — | 0.090 |
| | 滤网管 | 根 | 0.070 | — | 0.223 | 0.089 | — | 0.283 |
| | 喷射井点井管 *D*76 | m | 1.450 | — | 3.530 | 2.130 | — | 5.100 |
| | 喷射井点总管 *D*159 | m | 0.046 | — | 0.120 | 0.046 | — | 0.120 |
| | 喷射器 | 个 | 0.096 | — | 0.378 | 0.125 | — | 0.465 |
| | 砂子(中砂) | t | 57.503 | 1.199 | — | 71.069 | 1.403 | — |
| | 水 | $m^3$ | 271.000 | 125.000 | — | 312.000 | 150.000 | — |
| | 水箱 | kg | 0.356 | — | 1.120 | 0.356 | — | 1.120 |
| | 其他材料费 | % | 0.110 | 2.750 | 0.520 | 0.100 | 3.210 | 0.370 |
| 机械 | 电动多级离心清水泵 150mm、180m以下 | 台班 | 2.023 | 1.037 | 2.550 | 2.210 | 1.148 | 2.550 |
| | 电动空气压缩机 $6m^3/min$ | 台班 | 2.023 | — | — | 2.210 | — | — |
| | 工程地质液压钻机 | 台班 | 2.023 | — | — | 2.210 | — | — |
| | 履带式起重机 15t | 台班 | 2.023 | 2.074 | — | 2.210 | 2.295 | — |
| | 污水泵 100mm | 台班 | 4.046 | 2.074 | — | 4.420 | 2.295 | — |

**工作内容：**井管装配、地面试管、铺总管、装水泵水箱、钻孔成管、清孔、卸 $\phi$400 滤水钢管、定位、安装滤水钢管、外壁灌砂、封口、连接、试抽；拔管、拆管、灌砂、清洗整理、堆放；抽水、值班、井管堵漏。

| 定额编号 | | | 1－10－47 | 1－10－48 | 1－10－49 | 1－10－50 | 1－10－51 | 1－10－52 |
|---|---|---|---|---|---|---|---|---|
| 项目 | | | 大口径井点 | | | | | |
| | | | 井管深 15m | | | 井管深 25m | | |
| | | | 安装 | 拆除 | 使用 | 安装 | 拆除 | 使用 |
| | | | 10 根 | 10 根 | 套·天 | 10 根 | 10 根 | 套·天 |
| 名称 | | 单位 | 消耗量 | | | | | |
| 人工 | 合计工日 | 工日 | 146.7000 | 72.4500 | 5.4000 | 189.2430 | 93.4650 | 5.4000 |
| | 一般技工 | 工日 | 146.7000 | 72.4500 | 5.4000 | 189.2430 | 93.4650 | 5.4000 |
| 材料 | 大口径井点井管 | m | 1.950 | — | 1.500 | 2.930 | — | 2.250 |
| | 大口径井点吸水器 15m | 套 | 0.060 | — | 0.060 | 0.090 | — | 0.090 |
| | 大口径井点总管 $D$159 | m | 0.046 | — | 0.120 | 0.046 | — | 0.120 |
| | 砂子(中砂) | t | 88.103 | 38.505 | — | 143.871 | 41.642 | — |
| | 水 | $m^3$ | 480.000 | 180.000 | — | 720.000 | 270.000 | — |
| | 水箱 | kg | 1.120 | — | 1.020 | 1.120 | — | 1.020 |
| | 其他材料费 | % | 0.110 | 0.580 | 0.550 | 0.110 | 0.580 | 0.550 |
| 机械 | 电动多级离心清水泵 150mm、180m 以下 | 台班 | 5.525 | 3.825 | 2.550 | 7.463 | 5.525 | 2.550 |
| | 回旋钻机 1000mm | 台班 | 5.525 | — | — | 7.463 | — | — |
| | 履带式起重机 10t | 台班 | 5.525 | — | — | 7.463 | — | — |
| | 污水泵 100mm | 台班 | 11.050 | 3.825 | — | 14.926 | 5.525 | — |
| | 振动沉拔桩机 400kN | 台班 | — | 3.825 | — | — | 5.525 | — |

**工作内容：**钻孔、安装井管、地面管线连接、装水泵、滤砂、孔口封土；拆除设备、填埋、整理等；抽水、值班、井管堵漏。

| 定额编号 | | | 1－10－53 | 1－10－54 | 1－10－55 | 1－10－56 | 1－10－57 |
|---|---|---|---|---|---|---|---|
| 项目 | | | 深井井点 | | | | |
| | | | 井管深 20m | | 井管深 25m | | 井管深(20m、25m) |
| | | | 安装 | 拆除 | 安装 | 拆除 | 使用 |
| | | | 座 | 座 | 座 | 座 | 座·天 |
| 名称 | | 单位 | 消耗量 | | | | |
| 人工 | 合计工日 | 工日 | 12.0020 | 1.1700 | 15.4840 | 1.7550 | 0.7200 |
| | 一般技工 | 工日 | 12.0020 | 1.1700 | 15.4840 | 1.7550 | 0.7200 |
| 材料 | 钢筋混凝土井管 $\phi$360 | m | 6.800 | — | 8.500 | — | — |
| | 钢筋混凝土滤水井管 $\phi$360 | m | 13.600 | — | 17.000 | — | — |
| | 滤网 | m | 13.600 | — | 17.000 | — | — |
| | 砂子(中砂) | t | 5.331 | — | 6.663 | — | — |
| | 水 | $m^3$ | 60.000 | — | 72.000 | — | — |
| | 其他材料费 | % | 11.720 | — | 18.590 | — | 5.550 |
| 机械 | 回旋钻机 500mm | 台班 | 0.553 | — | 0.746 | — | — |
| | 履带式电动起重机 5t | 台班 | 0.553 | 0.133 | 0.746 | 0.181 | — |
| | 潜水泵 100mm | 台班 | 0.553 | — | 0.746 | — | 1.800 |
| | 污水泵 100mm | 台班 | 1.105 | — | 1.493 | — | — |

**主编单位:** 上海市建筑建材业市场管理总站
上海市政工程设计研究总院(集团)有限公司
**参编单位:** 四川省建设工程造价管理总站
中国二十冶集团有限公司
中泰国际控股有限公司
**编制人员:** 孙晓东　汪一江　邱翠国　王非宇　郑永鹏　朱　冰　陆勇雄　王　梅
张晓波　郭宇飙　肖菊仙　蔡　隽　方　路　张宗辉　张　宇　戴常军
王俊科　秦夏强　王广奇　盛淑娇　李浩林　郭　军　方卫红　徐艳玲
石淑磊